A BRIEF HISTORY OF THE UNIVERSE FOR CHILDREN

宇宙简史

少年简读版 ③

庞之浩 ◉ 主 编

青岛出版集团 | 青岛出版社

图书在版编目（CIP）数据

宇宙简史：少年简读版.3 / 庞之浩主编.— 青岛：青岛出版社，2024.1
ISBN 978-7-5736-1558-9

Ⅰ.①宇… Ⅱ.①庞… Ⅲ.①宇宙—少年读物 Ⅳ.① P159-49

中国国家版本馆 CIP 数据核字 (2023) 第 201092 号

YUZHOU JIANSHI （SHAONIAN JIANDU BAN）

书　　　名	宇宙简史（少年简读版）	
主　　　编	庞之浩	
出 版 发 行	青岛出版社（青岛市崂山区海尔路 182 号）	
本 社 网 址	http://www.qdpub.com	
责 任 编 辑	李康康　　刘　怿	
封 面 设 计	刘　帅	
排　　　版	青岛艺鑫制版印刷有限公司	
印　　　刷	青岛新华印刷有限公司	
出 版 日 期	2024 年 1 月第 1 版　2024 年 1 月第 1 次印刷	
开　　　本	16 开（889mm×1194mm）	
印　　　张	20	
字　　　数	400 千	
书　　　号	ISBN 978-7-5736-1558-9	
审 图 号	GS 鲁（2023）0398 号	
定　　　价	136.00 元（全四册）	

编校印装质量、盗版监督服务电话　4006532017　0532-68068050

前言
PREFACE

古人观察日月星辰，提出了很多关于宇宙的问题，例如：星星为什么会闪烁？月亮为什么会有圆缺？太阳为什么东升西落？

我们仰望夜空，看到银河泛着白色微光，流星划过天际。也许你还没来得及许愿，各种问题就已经在脑海中浮现：银河是怎样形成的？彗星距离我们有多远？

假如我们有一双神奇的眼睛，可以向深空眺望，从地球到月球，再穿越太阳系、银河系，抵达宇宙深处，掠过其他星系，与黑洞擦身而过，与暗物质相伴，一直延伸到更远的地方，我们就会发现宇宙的浩瀚无垠。我们所知道的太阳、月亮，我们曾经无数次听过的金星、水星和木星以及我们目光所及的几百颗恒星，只是宇宙的一部分。

"宇宙原是个无穷的有限，人类恰好是现实的虚空。"几千年来，我们从未停止过对宇宙的探索。我们所在的宇宙远比我们期待的更加深邃广阔，也比我们想象的更加绚丽多彩。这本书可以为你指明宇宙探索的路径，它用详尽的图片展示你将要去的地方，用简洁明朗的语言描述探索者一路追寻的景点。

宇宙是很多科学家的挚爱，张衡、托勒密、哥白尼、爱因斯坦、霍金等前赴后继，热情不减。

如果你想成为一名宇宙的观察者，你会怎么做？我想你一定会从地球的近处开始，然后飞向更远的远方，去探索宇宙的秘密。

目 录
CONTENTS

第一章
我们的地球

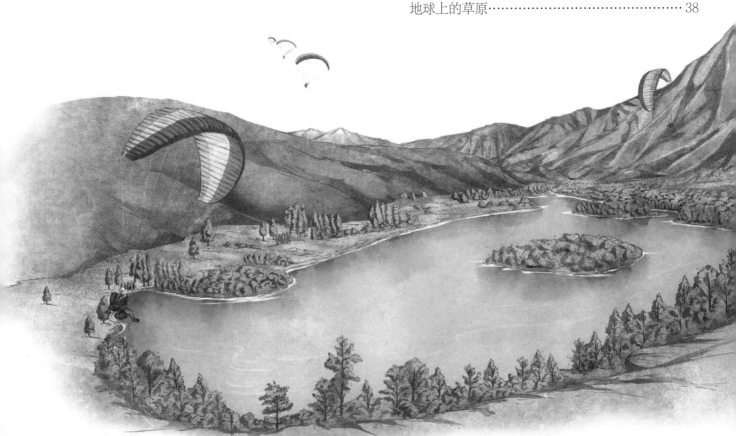

第二章
地球的卫星——月球

我们的地球

在浩瀚的宇宙中，地球是一颗再普通不过的行星。地球最初混沌一片，经历了约 46 亿年，才演变为今天的美丽星球。在如此漫长的岁月里，一圈又一圈地绕日旋转，一刻不停歇地自转，让地球看起来有些寂寞，不过还好有月球作伴。

我们赖以生存的地球是多姿多彩的：不但有山川河流、森林沙漠，还有无数的植物和各色能源；不但有冰山岛屿、飞流瀑布，还有大量的动物和神奇的微生物。人类凭借勤劳的双手和独特的智慧，在地球上繁衍生息，创造了光辉灿烂的历史。

地球的身世

在茫茫宇宙中，地球既渺小又普通。然而，在整个太阳系中，地球却是最特别的那颗星球。没有哪颗星球像地球这样，滋养着数以亿计的蓬勃生命，包括我们人类。那么，地球是如何形成的呢？

太阳系与地球

很久以前，银河系发生了一次巨大的爆炸。这场爆炸产生的碎片形成了一团黑暗、巨大、稀薄的气体和尘埃混合物。这团混合物不断旋转、收缩，重的物质不断向中心集中，轻的物质向外散逸。最后，中心的位置形成了太阳，其余物质相互聚合在一起，形成了若干颗行星，地球就是其中之一。这时大概是 46 亿年前。

▼ 太阳系中的行星

水星

金星

地球

最初的地球

地球刚刚形成时会是什么模样呢？通过对其他天体，特别是类地行星和月球情况的观测我们发现：月球、火星、水星的表面满是陨石撞击留下的环形山。由此推测，早期的地球可能也经常遭遇陨石的猛烈撞击。早期的地球没有水圈，没有大气圈，也许上面也曾遍布撞击留下的陨石坑。

陨石撞向地球。

原始地球非常炽热。

▲ 原始地球

大气和海洋的形成

地球形成后，上面的火山活动频繁，火山气体喷发而出，形成了原始大气。但这个时期的大气充斥着甲烷等有毒气体。后来，随着海洋中蓝藻等生物的光合作用产生了氧气，原始大气才逐渐变成了现在的样子。而海洋的形成也与火山有关。原始地球火山活动十分频繁，火山喷发出的气体中含有水蒸气，它们遇冷凝结成水落了下来，渐渐汇聚成了海洋。也有一种假说认为地球上的水是由不断撞击地球的彗星送来的。不管怎样，有了大气、海洋的地球，已不是初形成时那个荒芜的模样了。

▼ 原始海洋的形成

火山爆发

陨石、彗星撞地球。

原始大气

火山喷发出的气体形成了原始的地球大气。

原始海洋

地球的地质时期

据科学家们推测，地球从诞生到现在，大约有 46 亿年了。为了方便对这漫长的历史进行叙述，地质学家为地球制定了地质年代单位：宙、代、纪、世……就像我们平时用世纪、年、月、星期、天、小时等单位来表示时间一样。

隐生宙和显生宙

"宙"是时间最长、最高级的地质年代单位。地球的历史约 46 亿年，按照生物的情况可以划分为两个宙：前面的看不到或者难以见到生物的时代，被称为"隐生宙"；而可以看到生命后至今的年代，被称为"显生宙"。然而，后来不断有隐生宙时期的动物化石被发现，隐生宙这种说法就变得不准确了。从此，人们渐渐不再使用"隐生宙"这个词了。

▲ 隐生宙阶段

▲ 显生宙阶段

哺乳动物

恐龙属于爬行动物。

▶ 人类的进化

地球的五个"代"

比宙低一级的年代单位是"代"，显生宙可以分为古生代、中生代和新生代。

从古生代到新生代，实际上也是一部动物从低等到高等的发展史。在古生代前期占据优势的动物是无脊椎动物，如节肢动物、棘皮动物等，到了晚期则出现了最早的脊椎动物——鱼类。此时生物们还集中在海洋。接着开始有部分动物朝陆地转移，产生了两栖动物和后来的爬行动物。到了中生代，则以各种恐龙最为著名。而在约 6500 万年前发生的"生物大灭绝"中，个头小、适应能力强的哺乳动物们幸存了下来，并成了地球上的优势动物，新生代开始了。

第四纪

代以下的地质年代单位是"纪"，每个代都可以划分为几个纪，例如寒武纪、三叠纪、侏罗纪、白垩纪……这些名字大多来源于地质学家第一次发现这个地质年代岩石或化石的地方名称。比如：寒武纪中的"寒武"，是英国威尔士的一个地名；而著名的"侏罗"，则来自法国的侏罗山脉。我们现在所处的是新生代。新生代可以分为 3 个纪：古近纪、新近纪和第四纪。其中，第四纪从约 258 万年前开始，在此期间，灵长目的猿逐渐进化，最后演变成了人类。

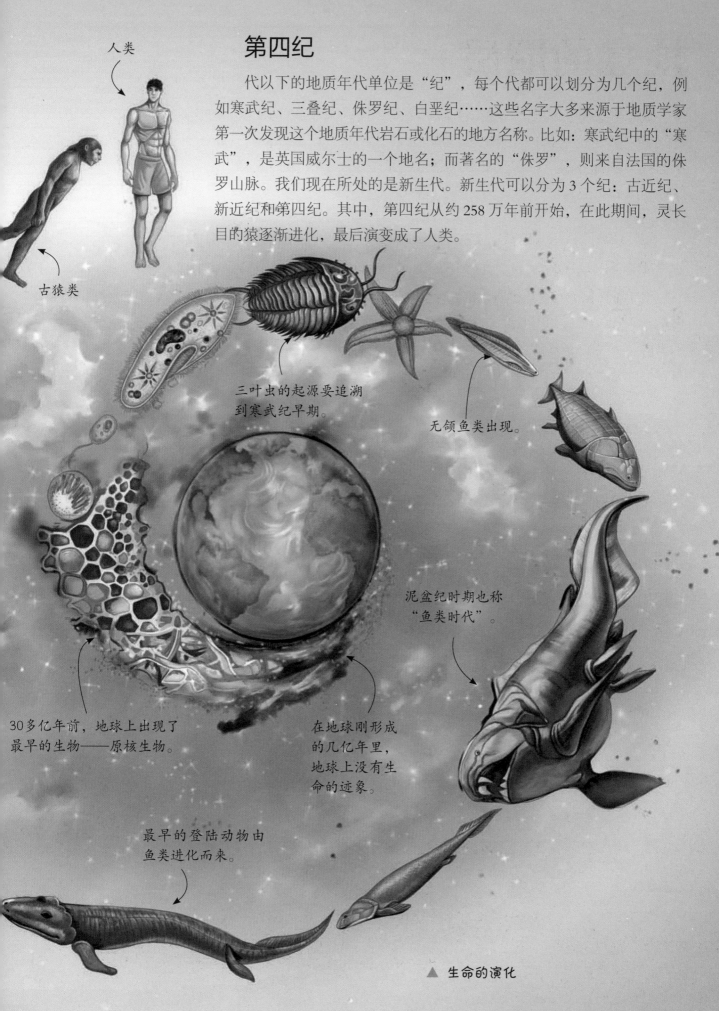

人类

古猿类

三叶虫的起源要追溯到寒武纪早期。

无颌鱼类出现。

泥盆纪时期也称"鱼类时代"。

30多亿年前，地球上出现了最早的生物——原核生物。

在地球刚形成的几亿年里，地球上没有生命的迹象。

最早的登陆动物由鱼类进化而来。

▲ 生命的演化

地球的圈层

地球可以分为内圈和外圈，每个圈层都拥有不同的物理化学性质和物质运动特征。外部圈层由水圈、生物圈、大气圈和岩石圈组成；内部圈层可以划分为 3 个部分：地幔圈、外核液体圈和固体内核圈。

地球的水圈

水圈是地球表层水体的总称。其中的绝大部分，也就是近 97% 都在海洋里；有一部分分散在陆地上的河流、湖沼以及土壤中；还有很小一部分是固态水，也就是冰川；另外，还有的以水汽的形式存在。陆地上江河湖泊的水直接以地表水的形式或间接地以水汽、地下水的形式与海洋相通，构成了一个循环。因此，地球上的水体构成了一个完整的、包围地球的水圈。水圈既是独立存在的，又渗透于岩石圈、大气圈及生物圈当中，并在其间不断循环。

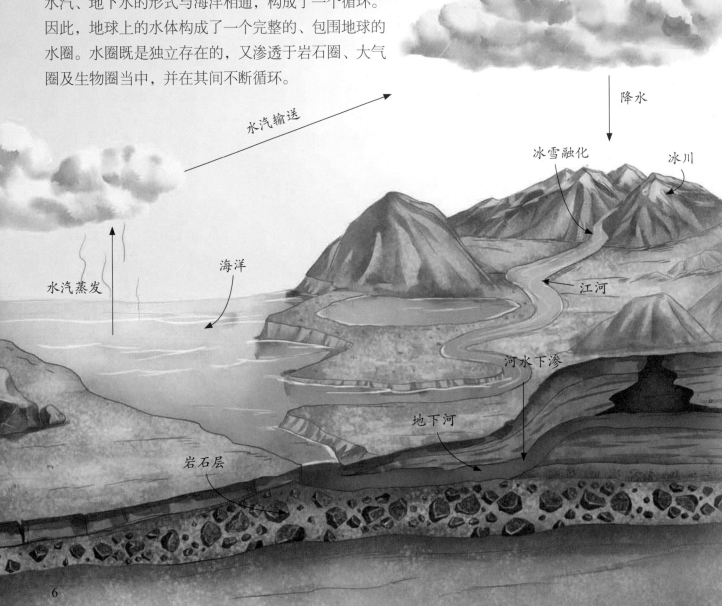

▼ 水循环

水汽输送

降水

冰雪融化

冰川

水汽蒸发

海洋

江河

河水下渗

地下河

岩石层

地球的生物圈

生物圈指的是地球上的生物（包括植物、动物和微生物）及其生存和活动的环境。在大气圈、水圈和地壳表层的土壤和岩石里，上至10千米的高空，下至10千米深的大洋，都有生物生存其中，因此生物圈没有明确的界限。自从地球上出现生物以来，生物的活动，尤其是人类的活动，对地球表面的改造十分明显。

陆生生物

水生生物

▲ 地球上的生物圈

▼ 地球上的大气和河流

水圈循环的作用

地球表面的水蒸发，变成水蒸气进入了大气圈；大气圈里的水汽遇冷凝结成雨、雪等形式，降落到地表，为地表水及地下水提供补充，也就此形成了水圈的循环。这种循环有3个重要的作用：一是源源不断地生成淡水以供应陆地；二是净化了空气、地表等自然环境；三是通过河流，将陆地表层及溶解的物质送入海洋，也为另一种循环提供了运输渠道。

地球的大气圈

大气圈指的是包围在地球外围的气体圈层，总厚度约有 1000 千米。在地球引力的作用下，地球表面的大气是最稠密的，越往上越稀薄，逐渐向宇宙气体过渡。根据温度和密度等物理特征的不同，大气圈从下到上可以划分为对流层、平流层、中间层、热层和散逸层。

平流层

对流层以上就是平流层，这里臭氧的含量较高。在 25 千米左右的高度还有一层臭氧层，它大量吸收紫外线，让地球上的各种生物免遭紫外线的伤害。在平流层中，空气较为稳定，几乎没有水汽和尘埃存在，所以这里基本都是晴空万里，能见度很高。飞机主要在这一层飞行。

对流层

对流层是大气的最底层，根据季节和纬度的不同，其厚度也有所变化：夏天比冬天厚，低纬度地区比高纬度地区厚。约 75% 的大气质量和几乎所有水汽都在对流层。空气和水汽在这里自由流动，形成了多种多样的复杂天气。云、风、雨、雪、露、雹和雷等天气现象，大多数都是在这一层发生的，所以这里也被称为"气象层"，与人类的生活关系最为密切。

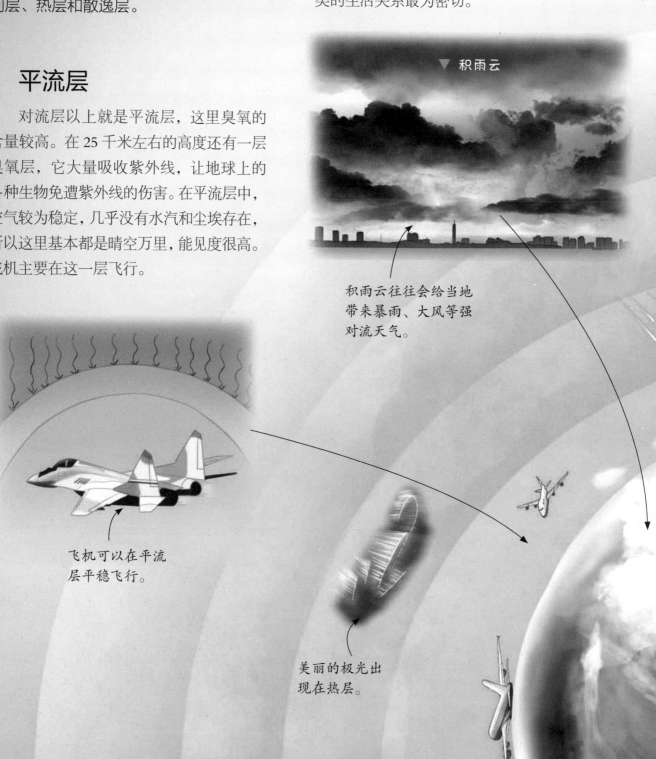

▼ 积雨云

积雨云往往会给当地带来暴雨、大风等强对流天气。

飞机可以在平流层平稳飞行。

美丽的极光出现在热层。

散逸层

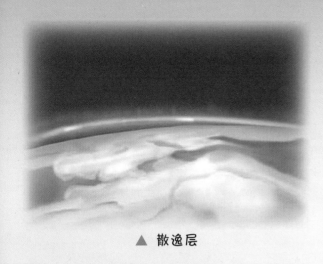

▲ 散逸层

散逸层是大气圈的最外层。这里离地球较远，受地球引力的影响很小，因此一些向上运动的微粒经常会摆脱地球引力的束缚，散逸到其他星际空间，这便是这一层名字的由来。

中间层和热层

中间层在平流层之上，随着高度的上升，温度会下降。在这里，垂直对流现象强烈，黄昏时分偶尔会出现有银白色光亮的"夜光云"。中间层之上是热层，这里直接从太阳辐射那里获得热量，所以高度增加，温度就会升高。在热层中，空气十分稀薄，而且处于能反射电磁波的高度电离状态，这对远距离无线电通信具有重要意义。

散逸层

热层

中间层

平流层

对流层

对流层对人类生产、生活和生态平衡影响最大。

▼ 中间层和热层

地球的内部构造

地球内部具有同心球般的分层结构，很像一个鸡蛋。各层的物质组成和物理性质都有很大差异。现在人们一般认为地球内部有 3 个部分，即地幔圈、外核液体圈和固体内核圈。

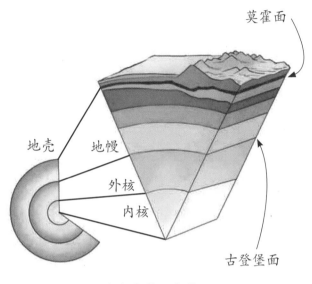

▲ 地球圈层示意图

（图中标注：莫霍面、地壳、地幔、外核、内核、古登堡面）

"莫霍面"和"古登堡面"

"莫霍面"是以南斯拉夫地震学家莫霍洛维契奇的名字命名的。当时，地质学上将地球分为内外两层，内层就是我们所说的地幔，外层就是地壳。它们之间以莫霍面作为分界。

1914 年，德国人古登堡有了一个新发现，他发现地幔和地核之间存在着一个分界面。后来，这个分界面就被命名为"古登堡面"。

地壳

地球固体圈层的最外层就是地壳。地壳厚度并不均匀，表面呈现出高低起伏的模样。在青藏高原，它的厚度可以达到几万米，而大洋地壳却只有薄薄的几千米厚。地壳分为两层：上层为花岗岩层，下层是玄武岩层。

▼ 古登堡

古登堡是地球物理学家，也是"古登堡面"的发现者。

▼ 莫霍洛维契奇

他发现了地壳与地幔之间的界面。

地幔

在表层的地壳之下就是地幔。地幔约占地球总体积的80%，可以分为上地幔和下地幔两层。科学家推断：上地幔中存在一个软流圈，这是部分岩浆的发源地；而下地幔由于压力、密度等因素的作用，物质形态更接近固态。

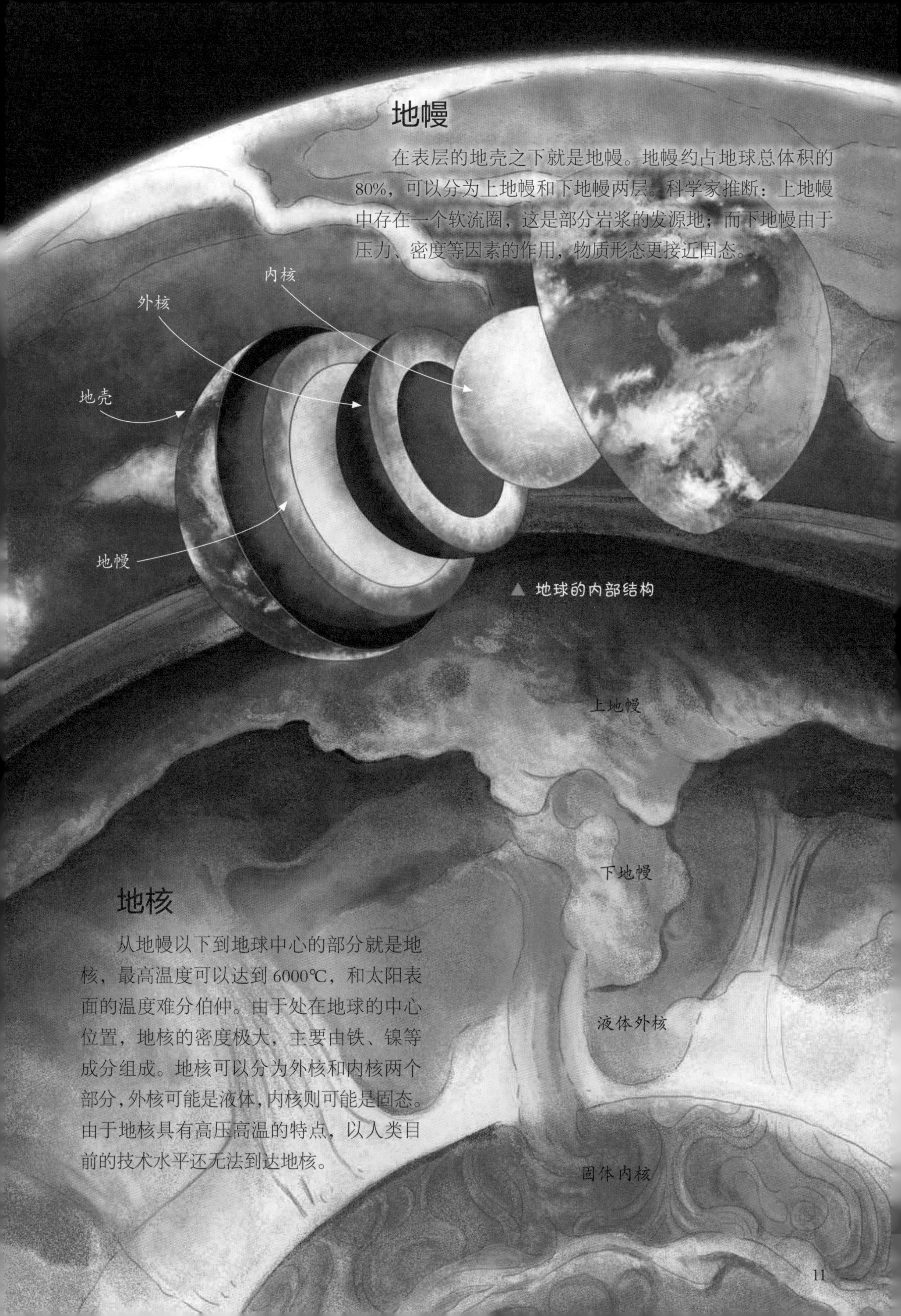

内核

外核

地壳

地幔

▲ 地球的内部结构

上地幔

下地幔

地核

从地幔以下到地球中心的部分就是地核，最高温度可以达到6000℃，和太阳表面的温度难分伯仲。由于处在地球的中心位置，地核的密度极大，主要由铁、镍等成分组成。地核可以分为外核和内核两个部分，外核可能是液体，内核则可能是固态。由于地核具有高压高温的特点，以人类目前的技术水平还无法到达地核。

液体外核

固体内核

地球的公转与四季变化

地球和宇宙中的其他天体一样，每时每刻都处在运动中。地球上的四季更替、太阳的东升西落以及昼夜的交替，都是地球不断公转和自转的结果。

地球公转的周期

地球公转的周期就是地球围绕太阳转一圈用的时间，我们一般统称为"一年"。不过，测算的方式不同，导致一年的长度也有所不同：如果以太阳在天球上两次经过同一颗恒星所用的时间为一年，大约是 365.26 日；如果以太阳在天球上两次经过春分点所用的时间为一年，则大约是 365.24 日。前者称为"恒星年"，后者称为"回归年"。

"倾斜着身体"的地球

地球的自转轴和公转轨道面不是垂直的，而是存在一个角度，也就是说地球是"倾斜着身体"旋转的。因此，太阳直射地球的点在一年的时间内会来回移动，这就是回归运动，南北直射点的极限位置就是南北回归线。一年中太阳直射点的往返运动，带来的就是正午太阳高度、昼夜长短的变化以及一年四季的更替。

▼ 春季

地球上只有温带才有明显的四季变化。

▼ 夏季

太阳高度和昼夜长短的变化

　　每年的夏至日，太阳直射北回归线，这一天也是北半球白昼最长、黑夜最短的一天，而南半球则正好相反；此后太阳直射点逐渐南移，北半球白昼越来越短，黑夜变长；到了秋分时，太阳直射赤道，全球正午太阳高度从赤道向两极递减，昼夜等长；到了冬至日，情况正好和夏至日相反，南半球白昼时间最长，黑夜最短；随后，太阳直射点逐渐北移，如此周而复始。

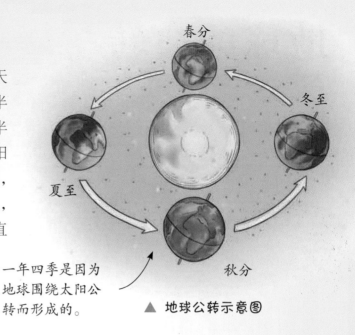

一年四季是因为地球围绕太阳公转而形成的。

▲ 地球公转示意图

一年四季的诞生

　　由于正午太阳高度的变化和昼夜长短的变化，地球上产生了四季的更替。在我国，一般用节气中的"四立"，也就是立春、立夏、立秋和立冬来标识四个季节的开始；然而，天文学上的季节则以春分、夏至、秋分和冬至这 4 个节气为基准，这些节气反映了太阳直射点的位置变化。

小百科

　　"五带"即热带、南北温带和南北寒带。热带地区有太阳直射，终年气温较高；南北寒带有极昼极夜现象，没有太阳直射，温度较低；温带则没有极昼极夜和太阳直射现象，温度比较适中。

▼ 秋季

▼ 冬季

地球的自转与昼夜更替

太阳东升西落,昼夜交替循环,这是因为地球每时每刻都在自转。由于太阳光只能将地球的一面照亮,另一面是黑的,也就出现了昼夜现象。从北极点上空看,地球的自转是逆时针方向,但是从南极点上空看则是顺时针方向。

地轴

地轴实际上并不存在,它是人们假想出来的:它从地球的南北极和地心穿过,与地球公转轨道面的夹角约为66.5°,与赤道面垂直。地球就是绕着这个假想的轴进行自转。地轴的方位是相对稳定的,它的北端始终指向北极星附近。不过,在空间外力的影响下,地轴也并不总是指向一个固定的位置,而是在不断变化。

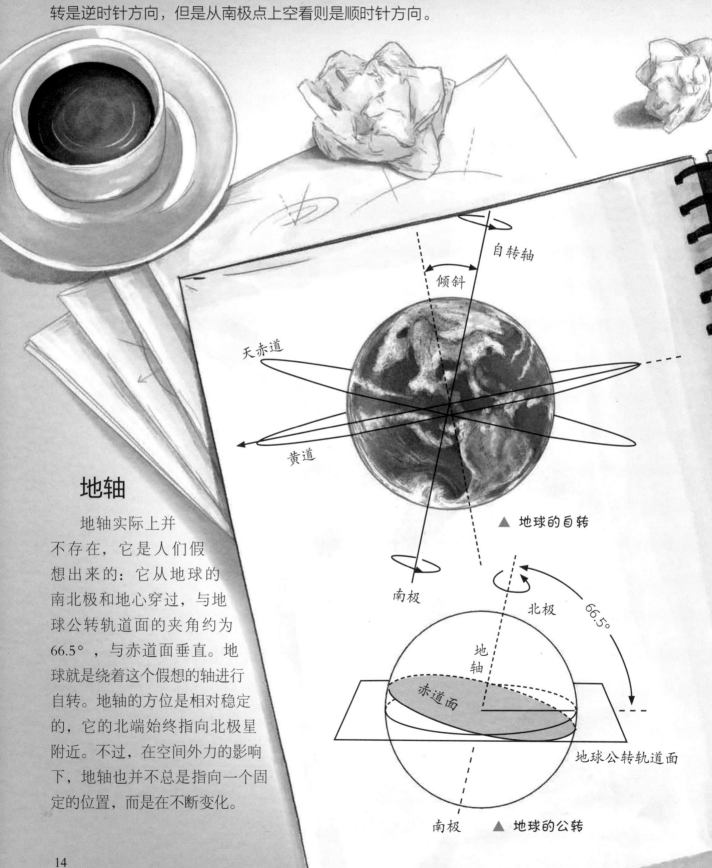

自转轴

倾斜

天赤道

黄道

▲ 地球的自转

南极

北极

66.5°

地轴

赤道面

地球公转轨道面

南极　　▲ 地球的公转

地球的自转周期

地球自转周期就是地球自转一圈所用的时间。由于观测的参照点不一样，地球自转周期的长度也不相同，不过差别很小。现在常用的有恒星日和太阳日两种，恒星日是指以某颗恒星为参照物所测量到的地球自转周期，约为23小时56分4秒。而太阳日则是太阳连续两次出现在同一天空位置所经历的时间，平均是24小时。

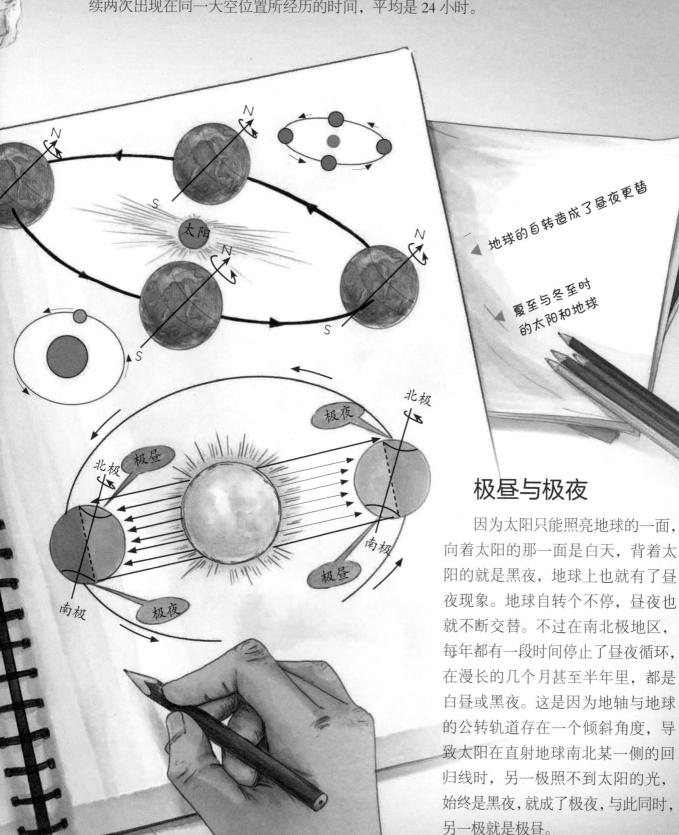

地球的自转造成了昼夜更替

夏至与冬至时的太阳和地球

极昼与极夜

因为太阳只能照亮地球的一面，向着太阳的那一面是白天，背着太阳的就是黑夜，地球上也就有了昼夜现象。地球自转个不停，昼夜也就不断交替。不过在南北极地区，每年都有一段时间停止了昼夜循环，在漫长的几个月甚至半年里，都是白昼或黑夜。这是因为地轴与地球的公转轨道存在一个倾斜角度，导致太阳在直射地球南北某一侧的回归线时，另一极照不到太阳的光，始终是黑夜，就成了极夜，与此同时，另一极就是极昼。

地球的保护伞——地磁场

磁铁为什么能指示南北？因为地球本身是一个巨大的天然磁体，它的磁场与条形磁体的磁场类似。地磁场对人类的生产、生活都具有重要的意义，人们很早就意识到了磁场的存在，并对其加以利用。中国古代发明的指南针就是其中的一个例子。

研究历史

中国宋代科学家沈括是第一个记载磁偏现象的人。他在《梦溪笔谈》中提到了地磁偏角："方家（术士）以磁石磨针锋，则能指南，然常微偏东，不全南也。"而英国人吉尔伯特第一个提出地磁场理论，认为地球自身是一个巨大的磁体，这个磁体的两极和地球的两极重合。他的这一理论明确了地磁场与地球的关系，指出了产生地磁场的原因应该在地球内部，而不是在地球之外。

沈括比吉尔伯特早500多年。

▲ 吉尔伯特和沈括

沈括被誉为"中国整部科学史中最卓越的人物"。

太阳风携带有大量的高能粒子。

产生原因

随着近代科学技术的不断发展，人们对地球结构的研究不断深入，对地球磁场的假说不断增多。有的假说认为在地球内部存在一个巨大的永磁体，所以才产生了地球磁场；另一种假说提出地球内部有巨大的电流，所以形成了强大的电磁场；还有一种假说认为：地球内部的放射性物质产生的热量在地球内部形成了温差，由此产生了电流，也就形成了地磁场。

地球磁场的作用

地球磁场有什么作用呢？它对地球上的生物来说意义重大，其中最大的也是最重要的作用就是，地磁场堪称地球的保护伞：从太阳发出的强大带电粒子流（通常叫"太阳风"）进入宇宙后，一部分朝地球飞来，由于地磁场的作用发生偏转，转向极区，形成了绚丽的极光。如果没有地磁场，这些高能粒子将直射地球，地球的大气成分可能和现在大不一样，地球上的生命有可能无法生存。

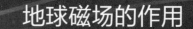

地球磁场

地球磁场能屏蔽大多数来自太阳的高能粒子。

磁场是地球的保护罩。

地球的平凡与不平凡

地球作为八大行星中的一颗，和其他行星一样都在围绕着太阳公转。在大小、与太阳的距离等方面，它都没有什么突出的地方。在银河系中，像太阳这样的恒星也不少，这些恒星或多或少都有自己的行星系统。而宇宙的星系不计其数，银河系也不过是漫漫宇宙中的一个星系。因此，地球十分平凡。但是，地球上孕育了生命，这在太阳系中是独一无二的，从这一点来看，地球又是不平凡的。

地球上有适宜人生存的大气。

◀ 适合人类生存的地球

太阳与地球的距离不远不近，温度适宜。

地球是目前已知唯一一个拥有生命的星球。

太阳是太阳系天体光和热的来源。

▲ 太阳系

得天独厚的外部环境

地球之所以成为唯一孕育了生命的星球，首先在于它所处的得天独厚的外部环境。作为太阳系核心的太阳目前状态稳定，没有明显变化；其他大小行星各行其道，互不干扰，使地球处在一个相对安全的宇宙环境中。而且，附近其他行星，比如木星这样的大行星还拥有强大的引力，将很多彗星、小行星这样的宇宙不速之客吸引到了自己身边，也为地球减少了一些遭遇撞击的可能性。

独一无二的内部条件

地球自身的条件也很重要。首先，地球和太阳的距离适中，适合生命生存。其次，地球的体积和质量也是适中的，这让地球得以形成独具特色的大气圈。这个大气圈不仅为生命提供了生存必不可少的气体，还与地磁场一道，将对生命不利的高能辐射和带电粒子阻隔在外面。最后，地球留住了水分并形成了原始海洋，这意味着有液态水存在，而水是孕育生命不可或缺的摇篮。

地球上约七分海洋，三分陆地。

▲ 地球上的海洋与陆地

地球是唯一的吗？

天文学家至今还没有发现另一颗存在生命的星球。他们寻找地外文明的一个思路就是：按照地球所拥有的特点，比如与恒星适当的距离、拥有大气层、存在液态水等，去寻找与地球类似的星体，这样才有可能在其上面孕育出生命。我们相信：广阔的宇宙中很可能存在着其他生命，也许他们也在寻找我们。

▼ 地球之外的生命设想图

从太空上看，地球是一颗蓝色星球。

在地球之外，可能有其他生命生存。

地球上的板块

地表可以看到的众多地质现象以及各种各样的观测资料都表明：来自地球内部的能量正在持续不断地对地表形态进行改造。板块构造学说认为：地球表面的岩石圈可以划分为若干个板块，它们像拼图一样拼接在一起。不过板块之间并不稳定，而是运动的，因此产生了种种地质现象。

大陆海岸线的吻合

魏格纳是一位德国气象学家。有一次，他在看世界地图时偶然发现：地球上各大洲海岸线的形状居然存在吻合的现象，这让他不禁开始深入思考。经过一段时间的观察和取证后，他推断：在很久很久以前，美洲、非洲等几片大陆很可能是连在一起的。后来发生了大陆漂移，它们才分开，形成了现在的样子。

由于板块运动，大陆慢慢分开。

魏格纳被称为"大陆漂移学说之父"。

大陆漂移说

魏格纳因此提出了大陆漂移的假说：较轻的硅铝质大陆块浮在较重的硅镁层上，并在它的上面发生漂移，就像一座冰山在大海上漂移；而现有的这些大陆，在古生代的晚期曾经是连成一体的一块大陆，也就是"联合古陆"或者"泛大陆"，围绕在它周围的广阔海洋就是泛大洋。在某种作用力的影响下，泛大陆逐渐破裂、分离、漂移，才形成了现代的海陆分布。

▲ 魏格纳观察大陆板块的巧合

▼ 大陆的分裂与漂移

漂浮的大陆块

下层受力上升

海底扩张说和板块构造说

海底扩张说是一种关于地质运动的假说，是 20 世纪 60 年代初由美国科学家赫斯和迪茨提出的。这一学说认为不断上升的地幔物质从洋中脊涌出，进入海洋后冷却，从而变成洋底的新地壳。板块构造说则是将大陆漂移和海底扩张两种假说进行归纳总结后取得的重要成果，这种理论的基本思想是：地球表面的岩石圈分成了若干板块，漂浮在下面的软流层上。

板块运动的影响

两处板块碰撞时会因为空间的挤压而产生新的地貌，例如高耸的山峰。同时，碰撞还可能引发地震、火山爆发、海啸等自然灾害。正因为如此，板块运动对人类来说是一个永恒的课题。人类在进行城市规划、经济发展的同时，也会对自然环境进行多方考量，以规避可能发生的灾难。

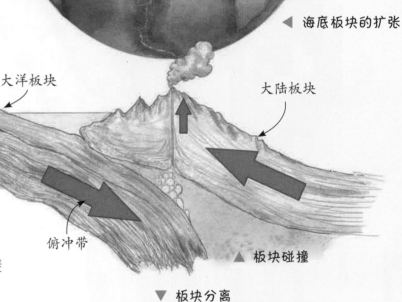

洋中脊是一条贯穿大洋底部的山脉。

洋中脊是新地壳产生的地方。

◀ 海底板块的扩张

大洋板块

大陆板块

俯冲带

▲ 板块碰撞

▼ 板块分离

强大的张力使地壳出现大断裂。

地球上的火山

在地球的内部，上地幔和地壳深处形成了炽热的岩浆。在巨大的压力作用下，岩浆从地壳相对薄弱的地方喷涌而出，随后在地球表面形成单山状的堆积体，也就是火山。火山是炽热地心的窗口，拥有地球上最强大的爆发力量，喷发时能喷出多种物质。

火山的形成

在地壳下大概 100 千米到 150 千米的地方存在一个"液态区"，这里的岩石处于高热的状态，形成了岩浆。因为岩浆的温度比周围的岩石高，密度也较低，所以它会向地表的方向涌动。一旦岩浆找到了通往地表的路径，比如岩石的缝隙等，就会立刻顺着通道喷出地表。喷出地表的岩浆冷凝之后，就形成了火山。

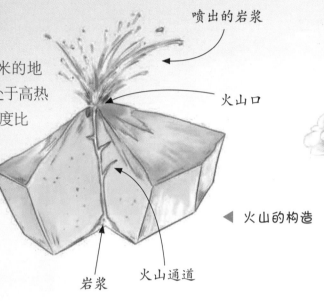

喷出的岩浆

火山口

◀ 火山的构造

岩浆

火山通道

火山的种类

按照活动规律，火山可以分为死火山、休眠火山和活火山 3 种。死火山是指人类有史以来便无喷发记载，并且无法喷发的火山，一般认为这样的火山已经"死"了；休眠火山则是指历史上有过活动，但长期以来都处于"休眠"状态的火山，也就是说这些火山一旦苏醒，还有可能喷发；活火山是指那些现在还在活动的火山，随时有可能喷发。

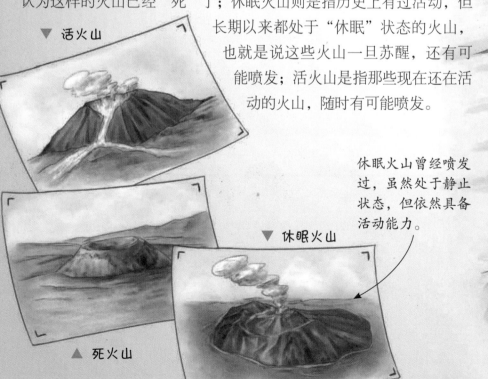

▼ 活火山

▼ 休眠火山

▲ 死火山

休眠火山曾经喷发过，虽然处于静止状态，但依然具备活动能力。

火山的危害和好处

火山的喷发会带来很多危害：奔流的岩浆能够吞噬、摧毁大片土地，所过之处寸草不生，大量的财产甚至生命付之一炬；火山喷发时，还会向大气的平流层中释放出大量的二氧化硫气体，影响地球的阳光照射。不过火山喷发也会带来一些积极的作用：火山喷发产生的火山灰是极好的天然肥料，非常有利于农作物生长；地球上的很多山脉、平原和岛屿也都是火山喷发形成的，这些地区往往会因为奇特的景色成为旅游胜地。

▼ 火山的爆发

火山口

炽热的岩浆喷涌而出。

火山内部的岩浆沸腾产生气体。

23

地球上的地震

地震是地球内部因岩层急剧破裂等产生的地面快速震动现象，在古代又被称为"地动"。它与龙卷风、火山爆发、冰冻灾害一样，都是地球上常见的自然灾害。

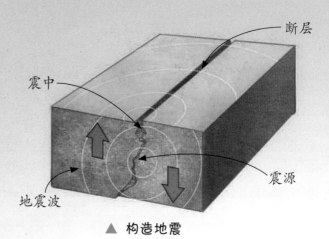

▲ 构造地震

断层

震中

震源

地震波

地震的分类

按地震形成的原因分类，地震可以分为构造地震、火山地震等。构造地震是由地下岩层的快速破裂和错动引起的；而火山地震则是由火山喷发引发的地震，一般都发生在活火山地区，通常震级不大。按震源深度的不同，地震可以分为震源深度小于 70 千米的浅源地震，在 70 千米到 300 千米之间的中源地震以及超过 300 千米的深源地震。迄今为止，记录到的最深震源深度超过了 700 千米。

地震的地理分布特点

地震的地理分布取决于一定的地质条件，因此是可以找到一定规律的。大多数地震都发生在地壳不稳定的部位，尤其是板块之间的消亡边界，这里往往会形成地震活动频繁的地震带。

▼ 地震带来的灾难

城市瘫痪

建筑倒塌

艰难的灾后救援

地震的震级

震级是人们为地震划分强度的一种"标准"，它根据地震释放的能量来定，释放的能量越多，震级就越大。现在国际上一般采用里氏震级，每增强一级，释放的能量大约会增加30倍。一般来说，里氏2.5级以下的地震，人们不会有任何感觉；而2.5级到5.0级的地震，在震中附近的人会有不同程度的感受，称为"有感地震"；5.0级以上的地震会造成不同程度的破坏，称为"破坏性地震"。

地震的预报

地震预报，一般是针对破坏性地震进行的，就像天气预报似的，让人们做好防备。地震预报应包括地震发生的时间、地点以及震级，这是地震预报的三要素，缺一不可。但是，地震预报是一项世界公认的科学难题，无论是在国内还是国外，现在都还处于探索阶段，离可以准确地预报出地震还有较长的路要走。

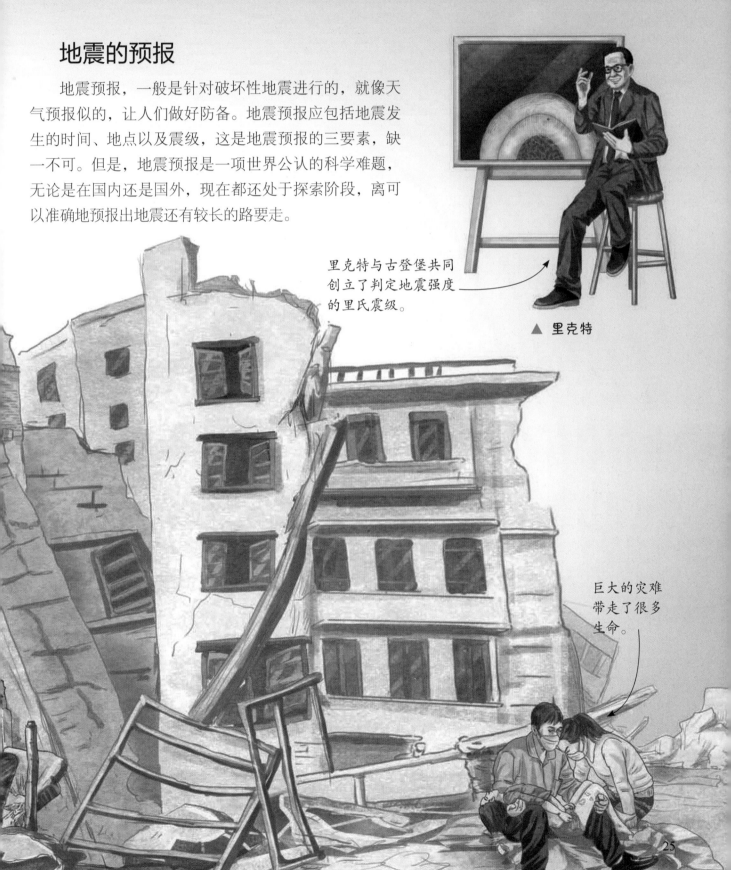

里克特与古登堡共同创立了判定地震强度的里氏震级。

▲ 里克特

巨大的灾难带走了很多生命。

25

地球上的高原

高原一般指海拔 500 米以上，顶面比较平缓的高地。高原在世界各地的分布都很广泛。

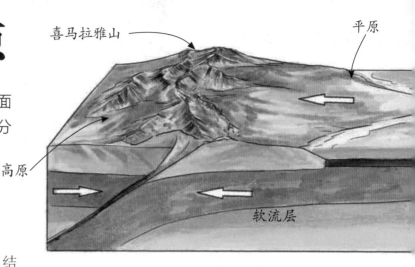

喜马拉雅山

平原

高原

软流层

▲ 板块碰撞挤压形成高山

高原的形成

高原的形成往往是地球板块运动的结果。在亿万年前，地球上现在的几大高原地势并没有多高，有的甚至还是一片汪洋。科学家曾在青藏高原喜马拉雅山一带的地层里发现了鱼的化石。这证明：在很久以前，这里或许曾是一片大洋。经过漫长的时间，大陆板块之间不断碰撞、挤压、抬升，一部分地壳不断隆起，才形成了现在的高原。

高原的分类

根据成因的不同，高原可分为堆积高原和侵蚀高原等。

根据分布的位置不一样，高原可分为山间高原和山麓高原等。

按组成岩性的区别，高原又可分为黄土高原和岩溶高原等。

有的高原表面宽广平坦，有的高原则是山峦起伏。

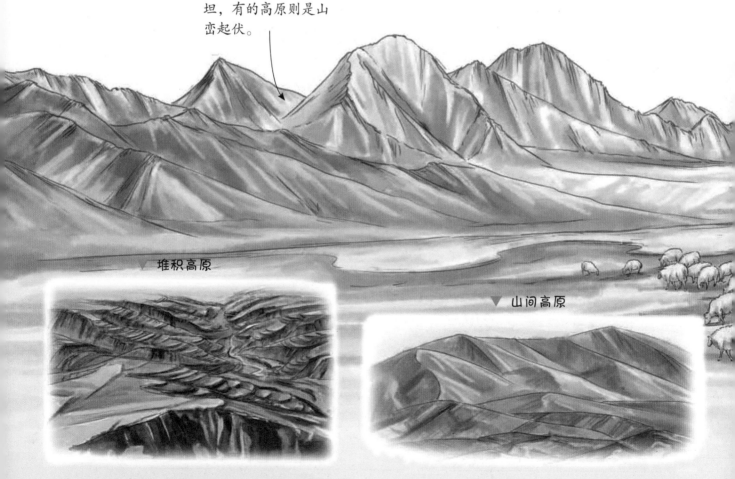

堆积高原

山间高原

高原的分布

地球上广泛分布着大片隆起的高原,以亚洲、非洲和南极洲最多。有一些高原地壳相对比较稳定,地面起伏不大,比如非洲大陆的高原和亚洲的蒙古高原。南极洲大陆的主要地形类型也是高原,但是上面覆盖着厚厚的冰层。还有一些高原镶嵌在年轻的山脉之间,这些高原所处地区的地壳活动比较强烈,海拔较高,地面起伏也比较大,比如青藏高原。

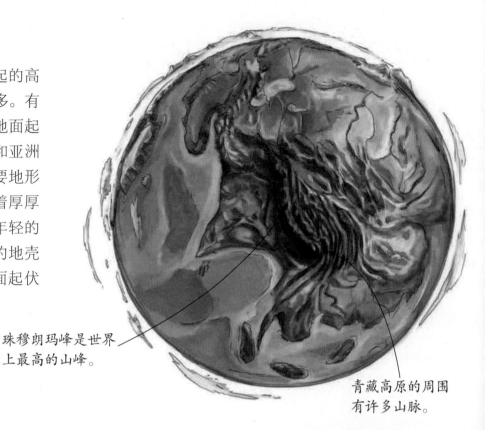

珠穆朗玛峰是世界上最高的山峰。

青藏高原的周围有许多山脉。

▲ 俯瞰青藏高原地形

青藏高原

我们时常会听到一首高亢嘹亮的歌曲——《青藏高原》。被称为"世界屋脊"的青藏高原是中国最大的高原,更是世界海拔最高的高原。它的形成要归功于无数次板块运动的累积,跨越了上亿年的时间,从海洋到陆地,从陆地到高原,时至今日,青藏高原边缘地带的高度还在不断上升。青藏高原还是众多河流的发源地,被我们称为"母亲河"的长江、黄河都在此地孕育而生。

▼ 青藏高原

牦牛体型较大,身体健壮,全身长有浓密的毛。

藏族人穿藏袍,常穿一只袖子。

藏袍历史悠久。

地球上的山地

　　山地是陆地上高度较大、坡度较陡的高地，一般是由岭和谷组成的。山地包括山顶、山坡和山麓 3 个部分，一般将尖状的山顶称为"山峰"。山地是地球大陆上的基本地形之一，分布非常广泛，以亚欧大陆和南、北美大陆分布最多。

造山运动

　　造山运动是山脉的形成原因。就像一张纸平铺在桌子上，当我们用手推起纸的边缘时，纸张便会产生褶皱和隆起。同样，地壳的碰撞也会让板块的边缘起皱，这便是造山运动。地球上的许多高大山脉都是褶皱山脉，比如著名的阿尔卑斯山，还有我国的歌乐山等。

数千万年前

印度洋板块　　　　欧亚板块

软流层

喜马拉雅山

青藏高原

现在

印度洋板块　　　　欧亚板块

软流层

▲ 印度洋板块与欧亚板块碰撞形成喜马拉雅山

登山时衣着要保暖、耐磨。

▼ 攀岩向上的登山队

登山杖

山系

山系是一组山脉的统称，这一组山脉一定是在同一次造山运动中形成的，并且朝同一方向延伸。世界上著名的山系有亚洲的喜马拉雅山系、美洲的科迪勒拉山系等。

喜马拉雅山脉是世界上最宏伟、最壮丽的山脉之一。

喜马拉雅山上生活着许多特别的动物。

▲ 喜马拉雅山系

山地的年龄

山地也是有"年龄"的。根据"年龄"的不同，科学家将山地分为老年山地和幼年山地。老年山地一般指形成于 3 亿年前的山地，这种山地因为长时间受到外界侵蚀，山体整体呈圆润的曲线状，平均高度不高。俄罗斯的乌拉尔山脉就属于老年山地。幼年山地的"年龄"一般不到 6500 万年，山体整体峰高谷深，棱角分明，看起来并没有经历过太多风霜。

防护眼镜可以遮挡强烈的阳光。

山地立体气候

在山地中，随着海拔的升高，气温和气压会降低。山地的这种立体气候会对植被、土壤和山区人们的生产生活产生直接影响。比如，一座处于热带的高山，由山麓到山顶，可能会呈现出从热带、温带到寒带的气候变化，同时植被也会有所不同。

地球上的平原

平原是一种起伏很少的地形，海拔一般都不到 200 米。全球的陆地当中，平原差不多占了四分之一。平原是人类生活的最主要区域，历史上的四大文明古国无一例外都发源于大河附近的平原。平原上土壤肥沃，农业发达，交通便利，非常适合人类居住。

不同的平原

构造平原是以地质构造运动为主导，从而产生的平原。构造平原按照成因可分为大陆拗曲平原和海成平原。

堆积平原是由于各种物质堆积而形成的广阔平地。根据具体堆积物成因的不同，堆积平原还可以细分为洪积平原、冲积平原、湖积平原等。

侵蚀平原是由于风蚀、水浸等侵蚀作用产生的平原，属于石质平原。原本高耸的地面由于长期受到外部因素的侵蚀，慢慢降低，逐渐成为低矮平缓的平原。侵蚀平原通常海拔较低，地面起伏也很平缓。根据具体成因，侵蚀平原可分为风蚀平原、海蚀平原、冰蚀平原等。

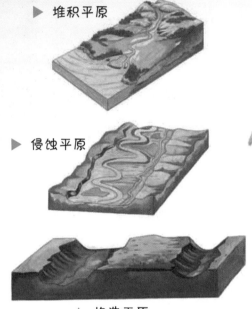

▶ 堆积平原

▶ 侵蚀平原

▲ 构造平原

平原上的文明

河流的下游地区地势较为平缓，所以当水流到下游时，速度会减慢。从上游携带的大量泥沙便会沉积于此，形成肥沃的三角洲和冲积平原。这些地区往往有利于农作物的耕种，更容易聚集人群，建立部落，形成文明。

▼ 平原上的原始文明

原始部落的人们载歌载舞。

亚马孙平原

亚马孙平原是世界上最大的冲积平原，地跨巴西、秘鲁、哥伦比亚和玻利维亚4个国家的领土。亚马孙平原的前身是一个被海水淹没的凹地，亚马孙河把大量泥沙堆积到这里，最后凹地被填平，形成了亚马孙平原。在亚马孙平原上分布着世界上最大的雨林——亚马孙热带雨林，它孕育了丰富的动植物资源，因此有"世界动植物王国"之称。

亚马孙热带雨林

亚马孙河是世界上流量最大、流域最广、支流最多的河流。

美洲豹是美洲最大的猫科动物。

金刚鹦鹉是世界上最大的一种鹦鹉。

金狮面狨有狮鬃般的橙色毛发。

地球上的盆地

盆地是一种周围环绕着山地或者丘陵，中间比较低平的地形。盆地外高内低，好像一个盆，故而得名。

▼ 西佰利亚盆地

有大有小

盆地的规模相差悬殊，各种海拔高度都有可能出现盆地。盆地的面积大小不一：较大的盆地面积可以达到几十万平方千米，比如中国的四大盆地——四川盆地、塔里木盆地、准噶尔盆地和柴达木盆地；面积较小的盆地，比如一些山间盆地，通常只有几平方千米。

盆地的分类

按照成因的不同，陆地上的盆地可以分为构造盆地和侵蚀盆地两大类。构造盆地主要是因为地壳构造运动形成的，比如板块断层陷落形成的断陷盆地、巨大的火山口形成的火山盆地。侵蚀盆地是外力侵蚀形成的，比如由于河流冲刷形成的河谷盆地、因为强风长期吹蚀形成的风蚀盆地。

▼ 断陷盆地

四周山地常为陡峭的断层崖。

断陷盆地底部的湖泊

▼ 火山盆地

　　如果盆地的周围地势太高，流入盆地的水流不出去，这样的盆地就被称为"内流盆地"。内流盆地大多都处在内陆地区，由于周围重山阻隔，降水很少，气候一般都比较干旱。有的盆地边缘有一些缺口，河流可以从中穿过，直通大海，这种盆地就是外流盆地。外流盆地水源充足，地势平坦，土壤肥沃，一般会发展成为人类的聚居地。

风蚀盆地一般呈宽而浅的椭圆形状。

▼ 风蚀盆地

除了风蚀改造，流水侵蚀也常对盆地的形成起到作用。

西伯利亚盆地

　　西伯利亚盆地的面积将近 700 万平方千米，是地球上最大的大陆盆地。以叶尼塞河为界，西伯利亚盆地可以分为西西伯利亚盆地和东西伯利亚盆地两大部分。

地球上的岛屿

人们将比大陆小且被水体环绕的陆地称为"岛屿"。岛屿的面积大小不一，有不足 1 平方千米的屿，也有足够千万人生活居住的几万平方千米的岛。

珊瑚岛一般分布在热带海洋中。

▲ 珊瑚岛

珊瑚岛和火山岛都是海洋岛。

▲ 大陆岛

世界上较大的岛基本上都是大陆岛。

大陆岛一般位于大陆边缘。

岛屿类型

岛屿形成的原因有很多，我们按照岛屿的成因将其分为 3 类：大陆岛、海洋岛（珊瑚岛、火山岛）和冲积岛。

大陆岛很久以前曾经是大陆的一部分，但是在大陆地壳活动剧烈的时期，下沉的陆地或上升的海水使一部分陆地和整个大陆分开，从而形成了大陆岛。

珊瑚岛是海中的珊瑚礁构成的岛屿。珊瑚虫的遗骸堆积在一起，向上累积，最终露出海面，形成了珊瑚岛。这个过程是非常漫长的。

火山岛是由海底的火山喷发形成的。火山喷出的熔岩等喷发物堆积在一起，最终升至海面，形成了火山岛。

格陵兰岛的木屋

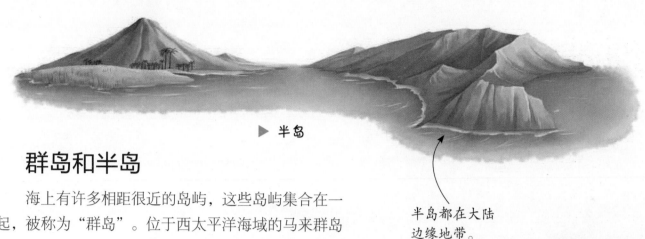

▶ 半岛

半岛都在大陆
边缘地带。

群岛和半岛

　　海上有许多相距很近的岛屿，这些岛屿集合在一起，被称为"群岛"。位于西太平洋海域的马来群岛是世界上最大的群岛，其中的岛屿有 2 万多个。大陆的边缘地带有一些地方因为地质构造等原因，形成了一半深入水中、一半与大陆连接的岛屿，这样的岛屿被称为"半岛"。世界上最大的半岛是阿拉伯半岛，岛上的大部分地区是沙漠。

世界最大岛屿——格陵兰岛

　　格陵兰岛位于北冰洋和大西洋之间，是世界第一大岛，大约 85% 的面积都覆盖着厚厚的冰雪。格陵兰全岛大部分都在北极圈里，全年气候寒冷。西南沿海地区到了夏季，气温才能达到 0℃ 以上；东海岸则是终年冰冻，岛上的最低温度可达到零下 70℃。

大群岛中有时
也包含着许多
小群岛。

▲ 群岛

▼ 格陵兰岛

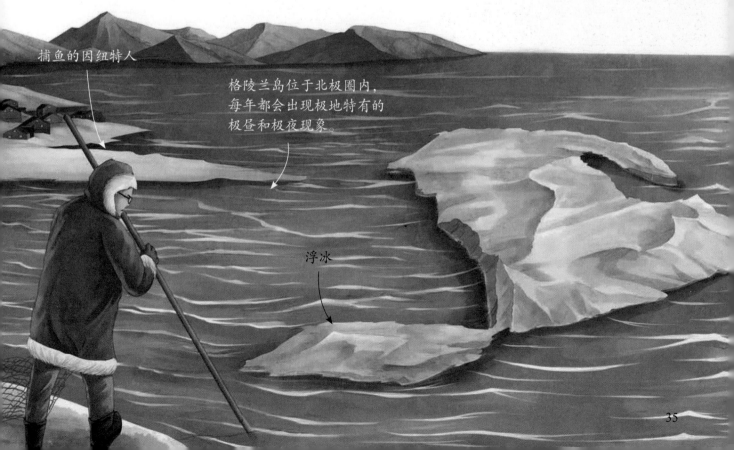

捕鱼的因纽特人

格陵兰岛位于北极圈内，
每年都会出现极地特有的
极昼和极夜现象。

浮冰

地球上的森林

森林是以木本植物为主体的生命群落。森林的分布广泛，寒带、温带、亚热带、热带的山区、丘陵、平地，甚至沼泽、海滩都有着不同类型的森林。森林孕育了各种各样的生物，包括乔木、灌木、藤本植物，菌类等微生物以及鸟、兽、两栖动物、爬行动物、昆虫等动物。

森林的诞生和发展

在漫长的时间里，随着气候变化、海陆变迁等外部环境的改变，森林也在不断变化。古生代时期的森林里主要是一些大型乔木状蕨类植物，石炭纪的大量煤层就是由这些植物形成的。中生代三叠纪后，裸子植物开始占据森林中的主导地位。与蕨类植物相比，裸子植物拥有更强的适应能力。

石炭纪时，植物十分繁盛。

▼ 石炭纪时期的森林

石炭纪时植被繁茂，大气中有丰富的氧气。

巨蜻蜓

森林中的植物死后，长期埋藏在沼泽中，逐渐变成了煤。

现代森林的出现

很多起源于中生代时期的裸子植物，比如水杉、银杏，其生命史一直延续至今。中生代晚期，被子植物开始出现。进入新生代以后，繁盛的被子植物成为陆地植被中的优势类群，这时森林和草原的面貌就和目前我们看到的基本一致了。

▼ 现代的森林

现代森林以被子植物为主。

森林变成煤

煤炭是埋藏在地下的古代植物在一系列复杂的物理、化学变化后形成的一种固体可燃性矿物。石炭纪时期，沼泽森林十分普遍，为煤的形成奠定了强大的物质基础。后来的造山运动则为煤的形成提供了外部条件。经过亿万年的变化，森林最终变成了煤。

地球上的草原

中国国土面积的 40% 左右都是草原，是世界上草原资源最丰富的国家之一。由于土壤层薄以及区域降雨量小的原因，草本植物可以在这里更好地生长。

▼ 非洲热带草原

热带草原

非洲的热带草原主要是稀树草原，其年降水量在 500~1000 毫米之间。热带草原的植被主要是多年生耐旱禾草，其间混杂着耐旱灌木，还零散地分布着孤立的乔木。热带草原通常位于热带森林和热带荒漠之间，分为旱季和雨季。热带草原在非洲分布最广，这里是大象、长颈鹿、犀牛、斑马、狮子、鬣狗和疣猪等野生动物的家园。

长颈鹿是世界上现存最高的陆生动物。

非洲象是陆地上体型最大的动物。

热带草原全年高温，分为干湿两季。

犀牛是陆地上最强壮的动物之一。

鬣狗

疣猪

斑马的斑纹可以迷惑敌人。

温带草原

温带草原远离海岸，主要分布在亚欧大陆中部、北美洲中部和南美洲南部等内陆地区。这里冬冷夏热，温差大，年降水量在 300～500 毫米之间，主要集中在夏季。草原上的植被主要是草本植物，夏季水草丰美，冬季枯黄，一片荒凉。温带草原上生长着羊胡子草、冰草等植物，同时也有狐狸、草原犬鼠、野兔等动物栖息在此。

▼ 夏季的草原

▼ 冬季的草原

夏季的温带草原植被最为丰茂。

温带草原的冬季较冷，有的地方也会出现降雪。

草原的生态作用

茫茫大草原，不仅景色优美，在生态上也有很大的作用。草原占据着地球上森林与荒漠、冰原之间广阔的中间地带，覆盖着不能生长森林或不宜垦殖为农田的地域。它不仅是现代化畜牧业的基地，而且可以调节气候、涵养水源、保持水土、防风固沙、维持生态平衡。

▼ 温带草原

草原犬鼠是北美温带草原上常见的啮齿动物。

草原狐

野兔

地球上的荒漠

气候干燥、植被稀疏、降水量极少的地区是荒漠。荒漠地区的土地十分贫瘠，水分的蒸发量超过降水量。

岩漠、砾漠、泥漠

岩漠也叫"石质荒漠"，一般出现在干旱地区大山的山麓、风蚀洼地或者干河洼地的底部，表面覆盖着一层薄薄的砾石和尖角石块。砾漠也就是戈壁，地面被大片的砾石覆盖，看上去就像一望无际的石海。泥漠顾名思义，是由黏土等物质组成的荒漠，一般位于干旱区的低洼地带或封闭盆地的中心地带。

岩漠地面破碎，景色荒凉。

泥漠地面平坦，常发育龟裂纹。

岩漠

泥漠

砾漠

沙漠的形成

黄沙是沙漠的主要"内容"。这些黄沙的来源有两种：一种是岩石风化，常年受风吹日晒的岩石逐渐从大块分裂成小块，再从小块风化成沙砾，沙砾再经过风的搬运、堆积，最终形成了沙漠；另一种是河流冲积形成的厚实沙层在大风的吹扬下形成的黄沙，当黄沙堆积在一起越来越多时，便形成了沙漠。

耳廓狐

沙漠的生物

沙漠气温高、降水少，但凡能在这种恶劣环境下生存下来的生物都有各自的本领。植物要有抗旱的能力，要么根系发达，要么叶子演化成针状；动物也各有本领，要么昼伏夜出，要么自备"水袋"。沙漠鬣蜥、骆驼、耳廓狐、后翻蜘蛛、长耳跳鼠等生物都可以在沙漠中生存。

后翻蜘蛛

绿洲是沙漠
中的沃土。

绿洲

　　绿洲是指荒漠中地下水或地表水较丰富、土壤肥沃、植物繁茂的地区。它通常分布在离河流或井、泉不远的地方，或有冰雪融水灌溉的山麓地带。有的绿洲生态条件较好，可以引水灌溉、发展农业，成为荒漠中难得的环境相对优越的地方。由于成因不一样，绿洲的规模大小不一。一些由山地河水补给的广阔绿洲，面积可达数百平方千米。

骆驼是沙漠中的
常见动物，被称
为"沙漠之舟"。

沙漠鬣蜥

长耳跳鼠

41

地球上的海洋

如果在宇宙中观察，就会发现地球就是一颗蓝莹莹的"水球"，陆地只是这颗星球上的花纹点缀，这足以证明海洋在地球上所占的比例。神秘的海洋对人类来说有着难以抗拒的吸引力，人类从未停止对海洋的探索。

海洋是地球上最广阔的连续水体的总称。

▶ 地球

地球表面大部分被海洋覆盖着。

海洋的形成

地球形成之初是没有海洋的，地球的表面凹凸不平，天空中的水汽和大气共存于一体。后来随着地壳逐渐冷却，大气也逐渐变冷，水汽逐渐凝结成水滴降到地面。地面的降水越积越多，就在低洼的地方形成了原始海洋。

海底地貌

如果把海洋中的水抽干，你会发现海洋底部并不平坦，而是和陆地一样，有高大的山、深邃的沟谷和辽阔的平原。陆地在海水下平缓地延伸，这块区域被称为"大陆架"；从大陆架继续延伸，会遇到一个陡峭的斜坡，这就是大陆坡；接下来是洋中脊，这里是海底扩张的中心；大洋盆地是海底地形的主体部分，大约占据了海底总面积的 45%；还有深海平原、深海丘陵等地形。

海洋为庞大的生物群落提供了赖以生存的家园。

生活在海中的鱼群

海浪和潮汐

　　海浪是海水的一种运动形式，主要是由风引起的，风越大则浪越大。潮汐也是海水运动的表现形式，是海水在月球和太阳引力作用下的周期性运动现象。

　　一般情况下，海浪的威力并不会太大。但在一些外力因素，比如风暴、气旋以及寒潮等的影响下，会发生可怕的"灾难性海浪"，比如海啸。

月球的引力约是地球的六分之一。

月球

▼ 潮汐

涨潮

月球对地球最重要的影响之一就是引起潮汐。

探测仪

潜水时，要穿戴专业的潜水设备。

潜水员

地球上的湖泊

湖泊是由陆地上的洼地积水汇聚而成的。在地壳运动、河流冲击和冰川的作用下，地表会下沉形成凹陷。这些凹陷最终变成湖盆，形成了湖泊。

湖泊的分类

湖泊有很多种类。

按照湖盆的形成原因，可以分为火口湖、冰川湖、堰塞湖、喀斯特湖、风蚀湖以及人工湖等；

按照湖泊与海洋的关系，可以分为外流湖和内陆湖；

按照湖水盐度的高低，可以分为淡水湖和咸水湖。

火口湖

河成湖

冰川湖

堰塞湖

喀斯特湖

海成湖

▲ 各种类型的湖泊

湖中岛

堰塞湖

堰塞湖是一种比较特殊的湖泊，这种湖泊的形成一般伴随着火山喷发或者地震。当火山的熔岩流或者地震引发的山体滑坡将河谷堵塞后，河谷便开始贮水并形成了湖泊。这种能够堵塞河道、拥有一定挡水能力的堆积体叫"堰塞体"。如果堰塞体的结构松散、孔隙率大，那么在持续上升的湖水压力下，它很容易垮塌。一旦决口，洪水瞬间下泻，可能引发重大灾害。

湖泊之最

地球上所有的湖泊加起来，面积约有 270 万平方千米。拥有 6 万多个湖泊的芬兰是拥有湖泊最多的国家，号称"万湖之国"；世界上最大的咸水湖是里海；最大的淡水湖是苏必利尔湖，面积 8.21 万平方千米；包含苏必利尔湖在内的北美五大湖是世界最大的淡水湖群；世界上最深的湖是俄罗斯的贝加尔湖，水深达到 1620 米。

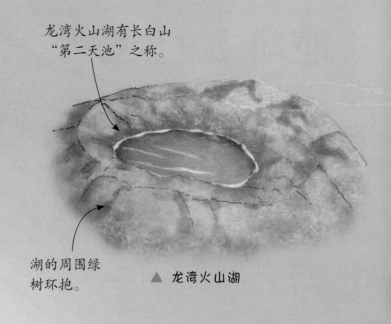

龙湾火山湖有长白山"第二天池"之称。

湖的周围绿树环抱。

▲ 龙湾火山湖

▲ 山体垮塌形成堰塞湖

▼ 优美的湖光山色

湖水的来源是降水、地面径流、地下水，有的则来自冰雪融水。

白鹭

鸳鸯

湖泊附近栖息着许多鸟类。

地球上的河流

河流是在重力的作用下，长期或间歇地集中在地表狭长凹地流动的水流。河流的源头一般在高处，顺势向下流动，最终汇入湖泊或海洋。

▼ 常流河

常流河水量充沛。

暂时河仅在大降雨后短暂存在。

▼ 暂时河

▼ 季节河

季节河有枯水期和丰水期。

冲积扇是冲积平原的组成部分。

▲ 冲积扇

河流的类型

按照存在时间，河流可分为常流河、季节河和暂时河 3 种：常流河全年都有水；季节河又叫"时令河"，只在雨季有水流；暂时河则通常是干涸的。河流按照与海洋的关系，又可以分为外流河和内流河：最终归宿是海洋的称为"外流河"；最终注入内陆湖泊或沼泽，或者因为渗漏、蒸发而在荒漠中消失了的称为"内流河"。

河流的作用

河流的力量很大，在它的作用下，可以形成各种各样的地貌，比如谷地、冲积平原、河口三角洲等。

流动的河水对沿岸不断冲刷、破坏，这是侵蚀作用。

河水在流动的时候会携带大量泥沙、石块，并将它们送到其他地方，这是搬运作用。

当河流失去足够的动力时，它所裹挟的泥沙就会留在原地堆积起来，这是堆积作用。

河口三角洲

三角洲是河流流入海洋、湖泊时，因为流速较慢，河水中携带的泥沙大量沉积，逐渐形成的冲积平原。冲积平原的形状像三角形，所以被称为"三角洲"。三角洲的面积通常较大，水网密布、土层深厚，地势平坦，土质肥沃，因此适合发展农业，通常也是人口稠密地带。

▼ 河口三角洲

河口三角洲是指河口段的扇状冲积平原。

尼罗河是古埃及文明的摇篮。

▼ 尼罗河

世界第一长河——尼罗河

尼罗河自南向北流经非洲东部和北部，最终注入地中海。尼罗河长 6671 千米，是世界上第一长河。尼罗河拥有狭长的河谷，并在开罗以北的入海口处形成了广阔的尼罗河三角洲。尼罗河为沿岸地区带来了绿色和生命，使这里成了茫茫沙漠中生机勃勃的绿洲。几千年来，埃及人民一直将尼罗河奉为"埃及之母"。

尼罗河畔的埃及人

地球上的气候

拥有独一无二的气候是地球的特点之一，也是它能孕育生命的原因之一。气候是对多年观测到的天气的总结和概括，能够反映出一个地区的冷暖、干湿等基本特征。

气候的原动力

造成地球上各地气候差异的根本原因是太阳辐射分布不均匀。因为地球是一个球体，在不同的纬度带，太阳照射角度不一样，获得的热量也就不一样。通常纬度越高，太阳照射角越小，所得到的热量也就越少，温度就越低，反之温度就越高。这就让纬度相同或相近的地方，在气候上可能是相似的。

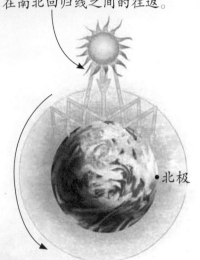

太阳直射点在一年间完成了在南北回归线之间的往返。

·北极

温带海洋性气候

海陆分布与地理条件对气候的影响

地球表面约71%的面积是海洋，海水热容量大，会将接收到的大部分热量吸收并储存起来，升温缓慢，降温也慢；陆地就不一样了，它无法贮存大量的热量，所以升温快，降温也快，就形成了冬冷夏热的气候。地形地势对局部气候的影响也很大：在山地和高原地区，海拔越高，气温越低，气候垂直变化很明显。

热带沙漠气候

全球气候类型

受以上这些因素影响，全球大致形成了以下几种气候类型：热带的热带雨林气候、热带草原气候、热带季风气候、热带沙漠气候，亚热带的亚热带季风性湿润气候，温带的温带海洋性气候、温带季风气候、温带大陆性气候，寒带的苔原气候、冰原气候，以及会在多个地带存在的地中海气候和高原山地气候。

高原山地气候

冰原气候

热带雨林气候

地球上的经度与纬度

我们在地球仪或地图上，可以看到由经线和纬线交织成的网格，这叫作"经纬网"。这是人类为方便度量地球而假想出来的辅助工具，利用纵横交错的经纬线，我们可以精确定位世界上任意一个地方。

纬线与赤道

纬线是沿着东西方向，环绕地球一周的圆圈。赤道是最长的纬线圈，长约 4 万千米。赤道到两极的距离相等，它将地球分成南、北两个半球。纬度可以用来指示不同的纬线，赤道就是 0° 纬线。赤道以北的纬度称为"北纬"，一般用"N"表示；赤道以南的纬度称为"南纬"，用"S"表示。

高纬度没有夏季。

中纬度四季分明，冷热适中。

低纬度炎热无冬。

▲ 不同纬度地区栖息着不同动物

▼ 格林尼治天文台

低纬、中纬和高纬

人们一般将纬度分为 3 类：低纬是从赤道到南北纬 30° 的范围，中纬是南纬 30° 到 60° 和北纬 30° 到 60° 的范围，高纬是南纬 60° 到南极点和北纬 60° 到北极点的范围。

经线

经线又叫"子午线"，是地球表面连接南、北两极，并与赤道垂直的弧线。经线指示正南、正北方向，并且所有经线的长度都是一样的。为了方便，国际上将通过英国伦敦格林尼治天文台原址的经线称为"0°经线"，也就是本初子午线。从本初子午线向东、向西各分180°，以东的180°称为"东经"，一般用"E"来表示；以西的180°称为"西经"，用"W"表达。

东西半球分界线

赤道是地球南、北两个半球的分界线，那么东、西两个半球的分界线在哪里？因为地球是围绕着南北向的地轴自西向东旋转的，任意一个经线圈都可以将地球分成相等的两半。如果要找一个经线圈作为东、西半球的界限，最大的要求就是避免将一个大陆或国家分到两个半球。最终，西经20°和东经160°构成的经线圈解决了这个问题，它穿过的地方基本都是海洋，这样北美洲和南美洲就算在西半球，而亚洲、欧洲、非洲、大洋洲基本算在东半球。

时区

地球一刻不停地自西向东自转，在同一纬度地区，相对来说，东边比西边能更早地看到日出，这样地球上的时间就有了早晚之分。为了统一管理并方便换算时间，人们将地球表面按经线划分为24个区域，这就是时区。以本初子午线为基准，西经7.5°到东经7.5°为0时区，分别向东向西，每15°为一个时区，相邻两个时区的区时相差1小时。

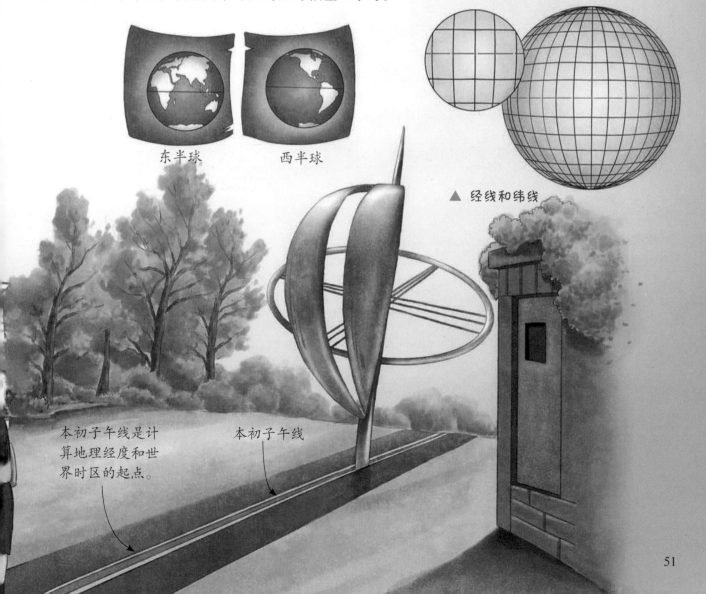

东半球　　　　　西半球

▲ 经线和纬线

本初子午线是计算地理经度和世界时区的起点。

本初子午线

地球上的五带

人们按照地球表面吸收太阳热量的多少，利用 5 条纬线来划分地球，并定义了 5 个温度带。这 5 个温度带展现了全球各地的气候差异。

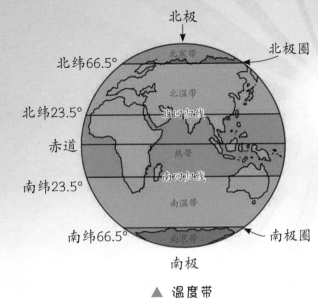

北极

北极圈

北纬66.5°　北寒带

北温带

北纬23.5°　北回归线

赤道　热带

南纬23.5°　南回归线

南温带

南纬66.5°　南寒带　　南极圈

南极

▲ 温度带

椰子树是典型的热带植物。

热带

从赤道开始，直到南北回归线之间的地带被称为"热带"。这里没有明显的四季变化，全年的温度都非常高。

热带沙滩

▲ 热带地区的海滨沙滩

▶ 温带森林

极光出现在南北两极附近的天空中，是太阳风进入地球磁场引起的。

南极遍布冰山。

寒带

寒带分为南寒带和北寒带，分别是以南北极为中心，南北极圈为边界的地带，只占全球总面积的 8.3%。这里的太阳高度终年都非常低，最低的时候还会出现极夜。纬度越高，极昼和极夜现象越明显；随着纬度的降低，极昼和极夜出现的时间随之变短。极点的极昼和极夜现象长达 6 个月，而极圈只有 1 天。

▲ 极光下的南极

企鹅是南极的代表性鸟类，但并不是所有企鹅都生活在南极。

温带

温带分为南温带和北温带，分别是南、北回归线和南、北极圈之间的地带。这里的太阳高度变化很大，气温和昼夜长短也会随之变化。正因为如此，温带四季分明。

棕熊是陆地上体型最大的肉食性哺乳动物之一。

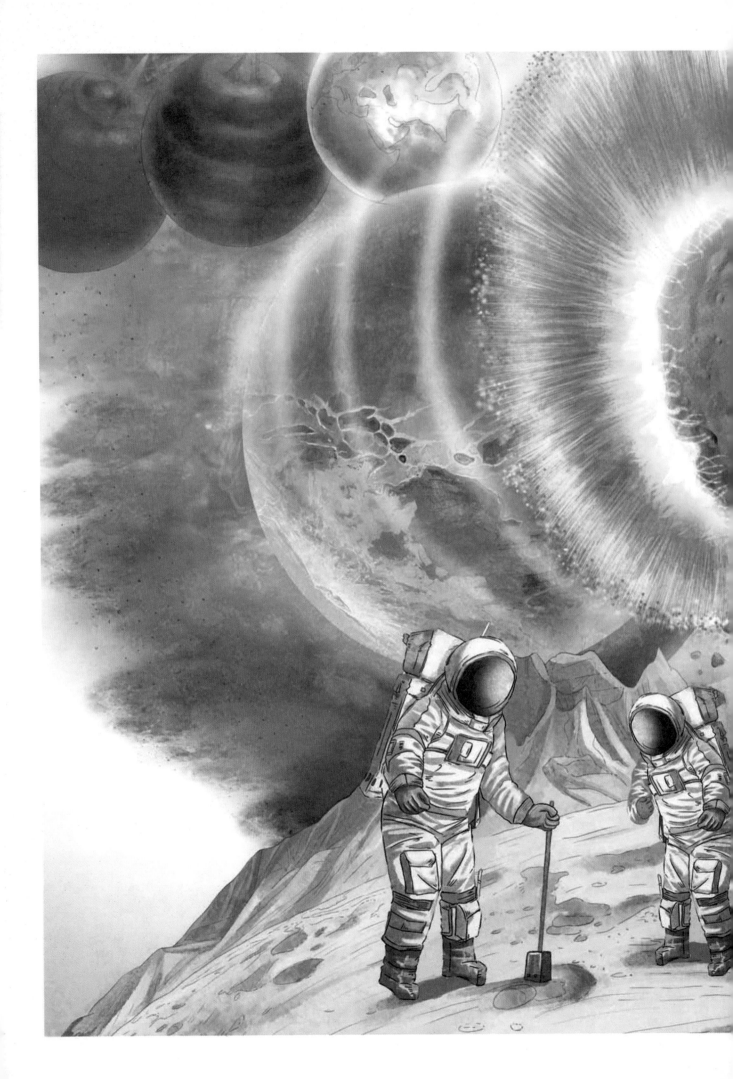

第二章 地球的卫星——月球

小时候，我们常听老人讲月亮上有一座广寒宫，里面住着美丽的嫦娥仙子和她的玉兔。可是，月亮上真的有嫦娥和玉兔吗？当然没有。这些关于嫦娥的故事都是古人的想象，月亮上除了光秃秃的环形山和黑漆漆的岩石，几乎没有其他东西。

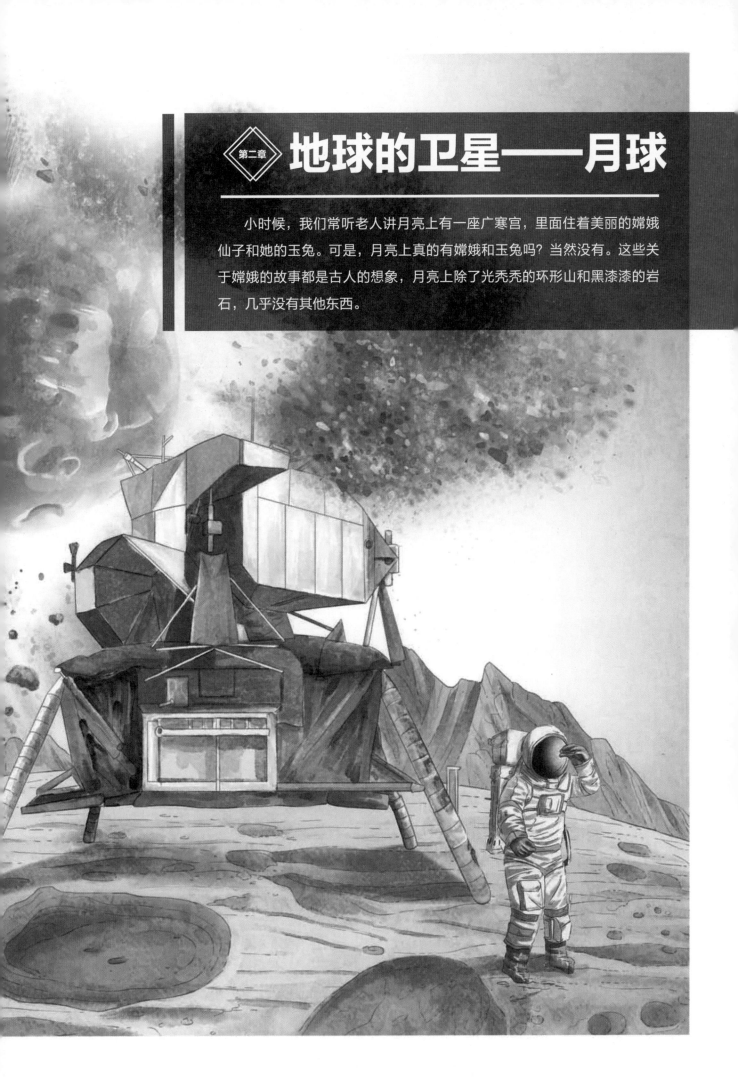

地球唯一的天然卫星——月球

月球是地球唯一的天然卫星，也是距离地球最近的可见天体。从地球上看，月球的亮度仅次于太阳。其实月球本身并不发光，它的光芒都是反射的太阳光。

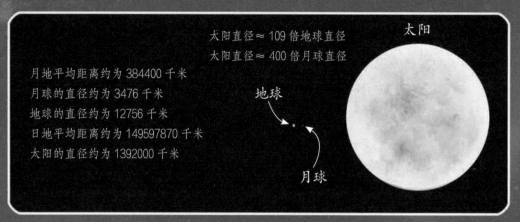

太阳直径 ≈ 109 倍地球直径
太阳直径 ≈ 400 倍月球直径

月地平均距离约为 384400 千米
月球的直径约为 3476 千米
地球的直径约为 12756 千米
日地平均距离约为 149597870 千米
太阳的直径约为 1392000 千米

太阳

地球

月球

▲ 月球、地球、太阳的对比

月球表面

月球表面坑坑洼洼，遍布着环形山，这是月面上最明显的地貌特征。站在地球上看月球，会看到它的表面有一些比较暗的阴影，那就是月海。不过月海里并没有水，而是干燥的低洼平原。月球表面的坑洞也很多，有的是火山爆发的痕迹，有的是陨石撞击带来的。月表看上去比较明亮的部分，是月球上地势较高的山。

▼ 人类对月球的探索

在月球上探索，人类需要克服重力、辐射、温度等多方面的问题。

月球大气层稀薄，陨石不断撞击月球表面，留下了很多陨石坑。

月亮上的温度

与地球相比，月球上几乎没有大气和磁场，这是因为月球自身重力不足，无法束缚住大气。这样一来，受到太阳炙烤的一面温度很高，正午时可能达到120℃。而背向太阳的一面温度很低，气温变化十分剧烈，在午夜时分可能会降到零下170℃。

月球上昼夜温差大，紫外线强度高。

▲ 月球上的昼夜温差很大

月亮上的资源

月球上蕴藏着丰富的能源。与地球相比，月球上几乎没有大气和磁场，所以太阳风可以轻而易举地到达月球表面。月球的土壤中蕴藏着十分丰富的氦-3和氢。氢和氦-3产生聚变反应后，就能产生能源供人类使用。据科学家们初步估算，只需10吨氦-3，就可以满足我们国家一年内所有能源需求。此外，月球上还蕴藏着丰富的钛铁矿。钛铁矿是钛、铁的来源，经过处理之后，可以产生氧，氧又可以和氢反应生成水。

月球岩石是由各种元素组成的。

月球表面的陨石坑很大，却很浅。

▲ 月球表面遍布撞击坑

月球是如何诞生的?

作为地球唯一的卫星，月球是从哪里来的？很早之前，这个问题就受到了天文学家的关注。经过多方研究，他们也提出了各种假设。

原始的月球

▼ 从地球分裂而出的月球

分裂说

分裂说是早期对月球起源进行的一种假说。这种假说认为月球本是地球的一部分，后来因为地球转速太快，地球上的一部分物质被抛了出去，最终形成了月球，而现在的太平洋，就是这些物质本来的位置。这一观点一经提出就遭到了反对：月球那么大，以地球的自转速度是无法将其抛出去的。

俘获说

俘获说认为：月球本是太阳系中的一颗小行星，在运转到地球附近时被地球的引力俘获，轨道发生变更，成为地球的卫星。但是像月球体积这样大的星球，以地球的引力，恐怕还不足以将其俘获。而且现在很多数据表明：月球的轨道现在距离地球越来越远。因此，俘获说只能对部分观测事实给出解释，不能令人满意。

挖取月壤

◀ 月球被地球引力俘获

同源说

同源说认为：地球和月球最开始都是太阳系中弥漫的星云物质，它们在同一个区域进行聚集，差不多同时形成了天体，只是大小不同。在形成过程中，地球的速度较快，因此成了地月系统的主导。

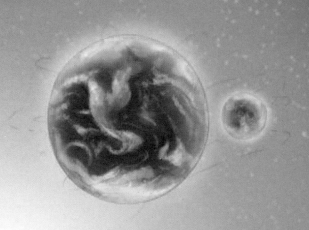

撞击说

撞击说认为：大概在 45 亿年前，一颗与火星差不多大小的星体猛烈撞击地球，撞击产生的尘埃碎片逐渐聚集，从而形成了月球。这一假说可以对地球与月球在成分上的相似性和差异性做出合理的解释，同时很多现象也能够自圆其说。因此，撞击说在月球起源的各种假说中占据了主导地位。

撞击地球的星子被称为"忒伊亚"。

▲ 星体撞击地球

登月器

月震

月震，就是在月球上发生的类似于地震的活动。月震的震源一般都比较深，震级都不太大，但是持续时间很长。月震发生的原因多种多样。1969 年，美国"阿波罗号"的宇航员首次登陆月球，并在月球上架设了月震仪，可以将记录下来的月震资料发回地球，人类从此开始了对月震的观测与研究。

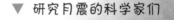

◀ 小天体撞击月球

月震每年发生
300～10000次。

最大的月震震度相
当于4级地震。

▼ 研究月震的科学家们

月震发生的原因

月震的影响不容小觑，它的持续时间比地震长许多倍。然而，由于离地球较远，月震现象鲜为人知。科学家猜测：产生月震的原因主要是受到太阳和地球引潮力的影响；此外，部分月震可能是由其他小天体撞击月球产生的。

计算数据

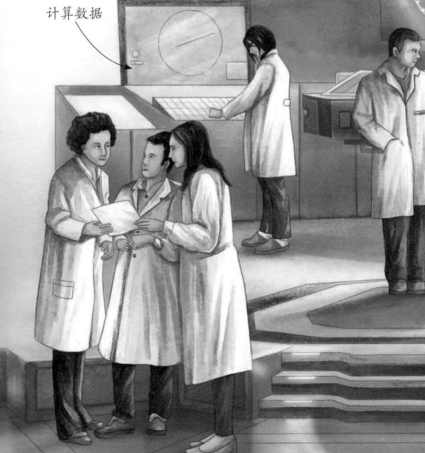

研究月震的用途

研究月震波是了解月球内部结构的最佳方法。有人曾做过一个比喻：地震波就好比一盏灯，照亮了地球的内部结构。这就是天文学家急于在月球上安装月震仪的原因。月球上既没有空气也没有水，是一个特别安静的地方。月震仪每年会测到几百甚至上千次月震，其中大部分的震级都很小，基本上在 2 级以下。

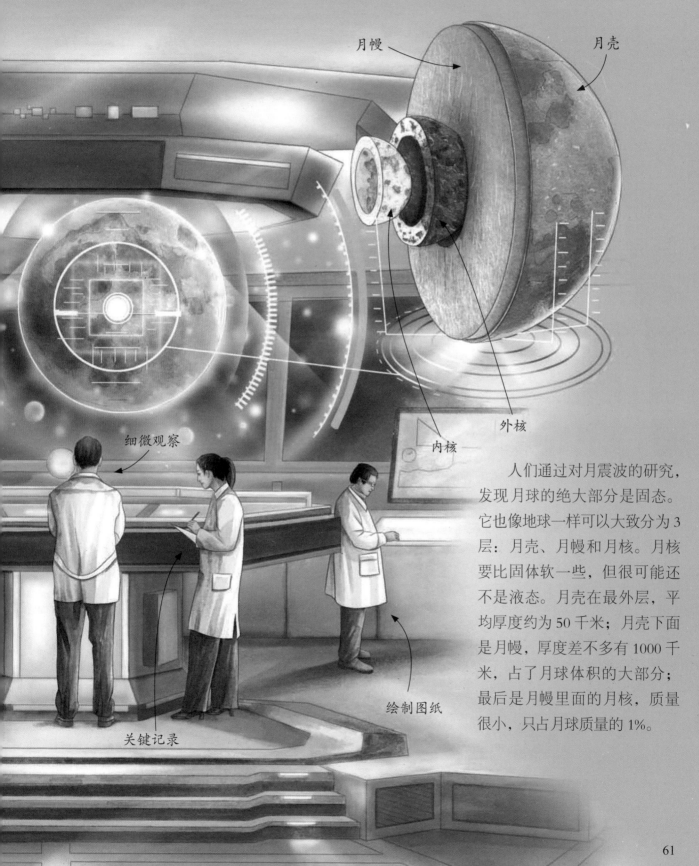

月幔

月壳

外核

内核

细微观察

绘制图纸

关键记录

人们通过对月震波的研究，发现月球的绝大部分是固态。它也像地球一样可以大致分为 3 层：月壳、月幔和月核。月核要比固体软一些，但很可能还不是液态。月壳在最外层，平均厚度约为 50 千米；月壳下面是月幔，厚度差不多有 1000 千米，占了月球体积的大部分；最后是月幔里面的月核，质量很小，只占月球质量的 1%。

月球上的撞击坑

月球表面到处都是撞击坑，几乎布满了整个月面，这是月球表面最显著的特征。尤其是月球背面，更是密布撞击坑。

撞击坑的形成

撞击坑是撞在月球上的彗星、小行星、陨石等各类小型天体留下的。由于月球没有大气层，当这些天体撞向月球时，它们没有减速的可能，而是直接高速地撞在月球表面。此外，由于月球上很少有地质和大气活动，因此这些撞击坑得以较好地保留下来。分析结果显示：月球在过去的 20 亿年中受到了无数次撞击，而月球受撞击的频率会随着时间的推移而发生变化。

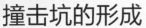
▼ 撞击演示

小行星撞击月球，在月球表面激起漫天碎石。

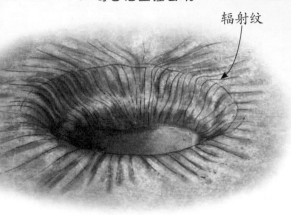

▼ 哥白尼型撞击坑

辐射纹

▼ 阿基米德型撞击坑

撞击坑的分类

1969 年，科学家根据撞击特征将撞击坑分为以下几类：克拉维型撞击坑较为古老，通常已经面目全非；哥白尼型撞击坑较为年轻，撞击导致月球表面的大量岩石向四周溅射，岩石碎块在月面高速抛射和滚动，改变了月面原有的地形地貌和土壤结构，形成明显的"辐射纹"；阿基米德型撞击坑的环壁较低；还有碗型和酒窝型撞击坑。

浅浅的撞击坑

天文学家们推算：如果有一颗直径约 16 千米的小行星以每秒约 5 万千米的速度撞在地球上，将会造成一个约 70 千米的深坑。但在月球上，有个被命名为"加格林"的撞击坑，直径约 300 千米，深度却只有 6 千米左右，很不合常理。对此，唯一可能的解释就是月球的外壳实在太坚硬了，这些陨石根本砸不出深坑来。

月球表面越古老，撞击坑的密度越大。

▼ 月球上的撞击坑

月球是我们夜空中看起来最明亮、最大的天体。

月球的结构特征

月球看起来明亮，但实际上它并不发光，而是反射了太阳光。月球引力太小，表面近似于真空状态，因此无法保存热量，昼夜温差极大。月球的结构和地球相似，都是由 3 部分组成的分层结构，只是各部分所占比例有些区别。

月幔

不同区域的月壳厚度不同。

月核富含铁元素。

月幔可能由镁、铁、硅等矿物组成。

◀ 月球的结构

月球的亮度

月球在不同时期有不同的亮度，满月时要比上弦月和下弦月时亮 10 多倍。按照平均亮度计算，月球的亮度约是太阳亮度的 1/465000。在满月时，月球的亮度可以达到 −12.7 等，这相当于在 21 米外观察一盏 100 瓦的电灯。月球与地球的距离差不多是太阳与地球距离的 1/400，因此从地球上看，比太阳小得多的月球和太阳差不多大。

月球的大气

因为月球的体形太小，引力也就小，根本没有维持住大气的能力。在向阳面的高温下，气体分子可以轻松地达到脱离速度而挣脱月球的束缚。不过实测表明：月球表面也存在一定的大气，只是这个大气层过于稀薄，成分复杂且不稳定。在黑夜时，月球的大气成分通常是氩、氖、氦，到了日出时还会有量极低的甲烷和氨等加入，在某些地区的大气中，还发现了氢、氦、钠、钋和钾等元素。

月球距地球平均距离为384400千米。

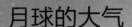

▼ 人类探索月球设想图

月球的旋转速度与它绕地球旋转的速度相同，因此始终以一面向着地球。

极端的温度

月球在白天时，表面温度最高可达127℃。然而，夜间月球的表面温度可以降至零下183℃。月球的极点和陨石坑是温度最极端的地方。有部分陨石坑很长时间没有沐浴过阳光，温度可以达到零下247℃。

月球那善变的脸——月相

月亮在夜空中自西向东移动，它的形状也在不断发生变化，这就是月亮的位相变化，在天文学上称为"月相"。

从新月到蛾眉月

月球绕地球一周大概需要29天，而月相的变化差不多也是这样一个周期。当月球运行到太阳与地球之间时，被太阳照亮的那个半球背对着地球，地球上的人这时看不到月亮，这一天是农历的初一，月相称为"新月"，又叫"朔"。随后，月球继续运行，亮的半球逐渐转向地球，这时地球上的人就能在西方天空看到纤细银钩似的月亮弓背向着夕阳，这是农历初三、初四时的月相，叫"蛾眉月"。

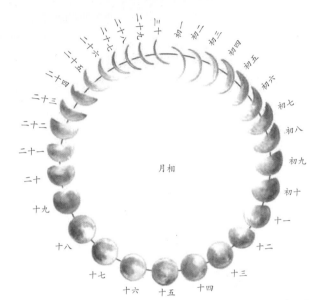

▲ 每月的月相变化

上下弦月和满月

到了农历的初七、初八时，月球已经有半个亮区对着地球，这时人们就能够看到半个月亮，凸面朝西，这种月相叫作"上弦月"。当地球在月球和太阳中间时，月球的整个亮区对着地球，人们可以看到一轮圆月，这种月相叫作"满月"，也叫"望"，通常发生在农历的十五前后。过了十五，亮区的西侧开始亏缺，到了农历二十二、二十三，只剩下半个月亮了。这时凸面向东，这种月相叫作"下弦月"。

天文望远镜是观测天体、捕捉天体信息的主要工具。

◀ 观测月亮

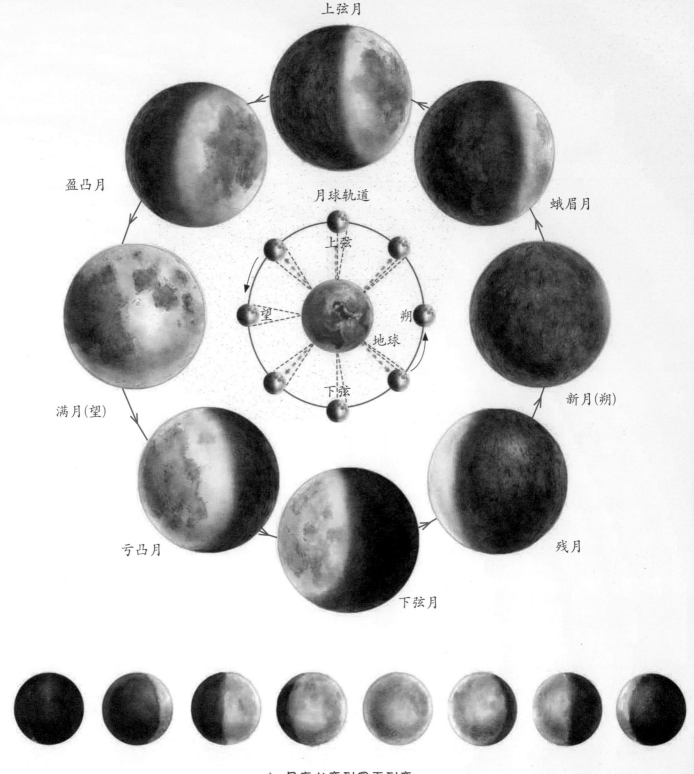

上弦月

盈凸月

蛾眉月

月球轨道

上弦

望

朔

地球

新月(朔)

满月(望)

下弦

残月

亏凸月

下弦月

▲ 月亮从弯到圆再到弯

从残月又到"朔"

再过四五天，人们能看到的月球从半个月亮变成一个蛾眉形月牙，只是这次弓背是朝向旭日的，这种月相被称为"残月"。随后，月球再次运行到太阳和地球之间，月相又变成了"朔"，月相的一次循环到此结束。

朔望月

月相就这样周而复始地循环变化，月相变化的周期就是一个"朔望月"，这个时间约为 29.53 天，中国农历的一个月就是根据这个"朔望月"确定的。

红月亮也称"血月"。

此时，月亮、地球、太阳在一条直线上。

边缘的光环

◀ 红月亮

在古代，红月亮是不祥的象征。

月食现象

月食是一种十分特殊的天文现象。当日、地、月三者在一条直线上，月球钻入地影中时，月食就发生了。

红月亮

在月全食的食甚时分，天空中的月亮会呈现暗红色，这是因为照射过来的太阳光在从地球的大气层穿过时发生了折射。而太阳光是由红、橙、黄、绿、蓝、靛、紫几种颜色的光线混合成的。这时像绿、蓝、靛、紫等光波较短的色光都被大气层吸收掉了，而波长最长的红光受到的影响不大，因此也穿透了大气层，照到了躲在地球影子后面的月亮上。

月食有3种，分别是月全食、月偏食和半影月食。

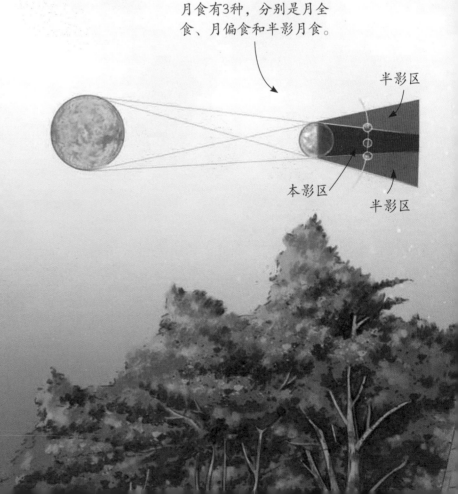

半影区

本影区

半影区

月食

　　之所以会形成月食，是因处在太阳和月球之间的地球挡住了太阳射向月球的光，随之形成了阴影。而这个阴影实际上就是地球的影子。人们可以在月食时观察到，逐渐挡住太阳光的影子边缘呈弧形，也就是说地球是圆的。古希腊哲学家亚里士多德在他的著作《论天》中首次科学地论证了地球是球体，而对月食的观测及分析可以证实这一点。

月食总是从月轮的东侧开始，到西侧结束。

月食总是在望日发生。

▲ 月食过程图

更常见的月食

　　在一年中，日食的次数可能比月食的多，但是对于地球上的人来说，看到月食的次数要多于日食。这是因为月食发生时，背着太阳的半个地球的人都能够看到，而日食发生时，月亮的影子只扫过地球上一片很狭窄的地带，也就是日食带，只有在特定区域的人才能看到。平均来说，一个地方差不多要二三百年的时间才能出现一次日全食。

月球对地球的作用——潮汐

潮汐是地球上海平面有规律的涨落现象。海平面达到涨潮的最高点被称为"高潮"；当海平面降至最低点时，叫"低潮"。形成这一现象的原因是其他天体对地球上海洋的牵拉作用。因为距离的原因，这其中起作用最大的还是太阳和月球，而月球距离地球较近，虽然质量小，却是地球上潮汐现象最主要的力量之源。

引潮力

潮汐的产生是月球、太阳等天体引力作用的结果。月球的引力和地球旋转时所产生的惯性离心力，这两个力的合力叫"引潮力"，是引起潮汐的原动力。由于地球表面各地距离月球有远有近，所以各地海水所受的引潮力也有大有小。一般来说，正对着月球的地方引潮力大，而背对着月球的一侧虽然离月亮远，引力小，但是离心力大，所以海水也会出现涨潮。天体是运动的，各地海水所受的引潮力在不断变化，地球上的海水也就时涨时落，形成了潮汐。

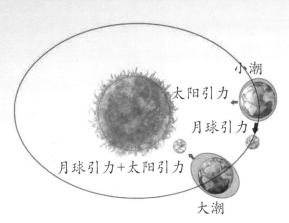

小潮

太阳引力

月球引力

月球引力+太阳引力

大潮

▲ 太阳与月球的引潮力

▼ 钱塘江观潮

大潮和小潮

引发地球上潮汐的力量主要是由月球贡献的，不过太阳的贡献也不容忽视。在农历每月初一和十五时，太阳、地球、月亮三者处于同一条线上，这时地球上受到的引潮力是最大的，也就产生了"大潮"；而在上弦月或下弦月时，也就是初七、初八和二十三、二十四左右，太阳和月球引潮力相互抵消，所以就发生了"小潮"。所以农谚中有"初一十五涨大潮，初八二十三到处见海滩"的说法。

观潮的人群

潮汐对人类的影响

海潮的涨落对人们的生活有着直接的影响。海上捕鱼、远洋航海、海洋工程以及沿岸各类生产活动，都会受到潮汐的影响。另外，潮汐中还蕴藏着巨大的能量，潮汐发电正是利用了潮汐中海水的落差。潮汐发电具有节约能源、无环境污染的特点，因此潮汐能被视为一种清洁能源。

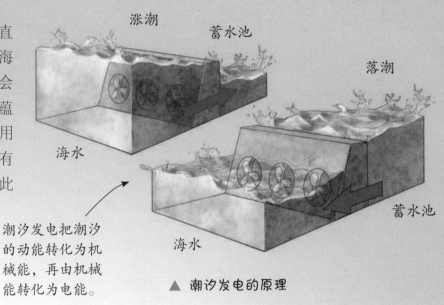

潮汐发电把潮汐的动能转化为机械能，再由机械能转化为电能。

▲ 潮汐发电的原理

不只是潮汐

月球等天体引潮力的作用对象其实不只是海水。引潮力对地球内部的熔岩，外部的岩石圈、水圈和大气圈等都有影响，使其产生周期性的运动和变化。引潮力引发的地球岩石圈的弹性—塑性形变叫作"固体潮"或"陆潮"，而引发地球大气层起伏变化的则被称为"大气潮汐"。因此，除了海洋的潮涨潮落，风的形成、气压的高低、板块的运动、火山的喷发等，都受到引潮力的影响，只是所占比重不同而已。

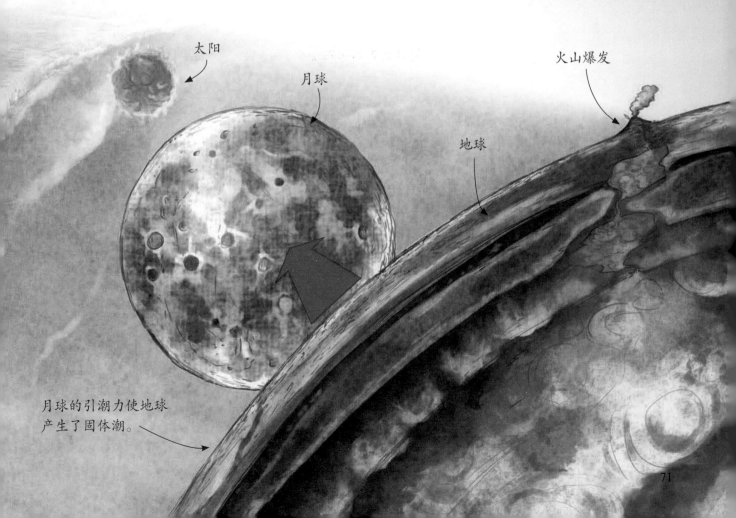

月球的引潮力使地球产生了固体潮。

月球在渐行渐远

月球对地球的引潮力除了引发潮汐现象，还有一个效果，那就是使月亮和地球的距离越来越远。也就是说，月亮正在渐渐远离地球。

引潮力的作用

月球为什么会越来越远呢？这是因为月球对地球的引力让地球上的海洋产生了潮汐现象，而潮汐摩擦会让地球自转变慢，从而对地月系统间的引力平衡造成影响。为了达到新的平衡，月球的运转轨道就在不断变迁中离地球越来越远。当然，这种变化是十分微小的，以至于我们平时一点儿都感觉不到。到底有多微小呢？大约每100年，地球自转的周期会增加约1.6毫秒，月球轨道的长度每年会增加3.8厘米左右。

3亿年前，地球与月球的距离更近，一天的长度大约只有22小时。

▲ 地球的引力牵制着月球

大约50亿到100亿年后，地球上的一天将相当于现在的43天。

▼ 月球的身影越来越远

一直在远离的月球

　　实际上，月球离地球的距离始终在扩大，这个过程大概从月球诞生的那一天就开始了。天文学家的研究结果表明：月球诞生时，离地球比现在近得多，而那时地球的自转速度也快得多。大约9亿年前，月地之间的距离也比现在还要近，当时地球上的一天约为18小时。

最终结局

　　科学家推测："月球出走"将一直持续。最终，地球和月球两者之间的引力会达到新的平衡，距离不再增加，同时两者互相潮汐锁定，就像冥王星和卡戎那样。那时，不只是月球一直只将一面对着地球，地球也将是一直将一面对着月球。

最终结局

　　不过也有其他科学家提出了不同的观点：虽然地月系统的潮汐相互作用会导致地球的自转越来越慢，月球的公转轨道越来越大，但我们也要考虑到它所处的太阳系大环境的变化。在未来不到60亿年的时间里，太阳将逐渐将其核心的氢燃料消耗殆尽，成为一颗红巨星。这将导致水星和金星被吞噬，太阳将逐渐逼近地球轨道，地球和月球可能都会被吞噬。

▼ 太阳逼近地球设想图

太阳